产品设计思维与方法研究

包 泓 刘腾蛟 著

北京工业大学出版社

图书在版编目（CIP）数据

产品设计思维与方法研究 / 包泓，刘腾蛟著． — 北京 ： 北京工业大学出版社，2019.11（2021.5 重印）
ISBN 978-7-5639-7012-4

Ⅰ．①产… Ⅱ．①包… ②刘… Ⅲ．①产品设计 Ⅳ．① TB472

中国版本图书馆 CIP 数据核字（2019）第 242387 号

产品设计思维与方法研究

著　　者：	包泓　刘腾蛟
责任编辑：	刘　蕊
封面设计：	点墨轩阁
出版发行：	北京工业大学出版社
	（北京市朝阳区平乐园 100 号　邮编：100124）
	010-67391722（传真）　　bgdcbs@sina.com
经销单位：	全国各地新华书店
承印单位：	三河市明华印务有限公司
开　　本：	710 毫米 ×1000 毫米　1/16
印　　张：	10
字　　数：	260 千字
版　　次：	2019 年 11 月第 1 版
印　　次：	2021 年 5 月第 2 次印刷
标准书号：	ISBN 978-7-5639-7012-4
定　　价：	56.00 元

前言 / Preface

　　一般来讲，产品设计的过程可以看作发现问题、分析问题和解决问题的过程，它通过物的载体借助于一种美好的形态来使人们的物质或精神需要得到满足。而创新思维是一种全方位的思维形式，能够引导人们从不同的角度、不同的层面去思考问题，从而突破思维定式，激发设计灵感，进而可以使人们更加全面地考虑问题。因此，产品设计创新思维与方法的培养在很大程度上有助于产品设计能力的提高。

　　全书共8章，约20万字。其中，第一章、第二章、第六章、第八章由江苏科技大学包泓撰写，第三章、第四章、第五章、第七章由西安翻译学院刘腾蛟撰写。第一章为绪论，主要阐述了产品设计的作用与原则、产品设计的类型与意义以及产品设计的发展沿革和产品设计的发展趋势等内容；第二章为产品设计要素解析，主要阐述了功能要素、结构要素、形态要素、材料要素、色彩要素以及人才要素等内容；第三章为产品设计与创新，主要阐述了产品设计与产品创新、产品创新设计的信息整合与流程以及产品创新设计的类型和产品创新设计的意义等内容；第四章为产品设计的创新思维，主要阐述了创新思维在产品设计中的重要性、产品创新思维的形式以及产品创新思维的分类等内容；第五章为产品设计的创新方法，主要阐述了设问法、头脑风暴法以及思维导图法和TRIZ理论等内容；第六章为产品设计推广与评价，主要阐述了产品设计的推广和产品设计的评价等内容；第七章为产品设计的相关实例，主要阐述了电子类的产品设计、文创类的产品设计和装备类的产品设计等内容；第八章为产品设计创造性思维能力的培养，主要阐述了创造性人才应具备的思维与意识以及创造性思维的训练与人才培养等内容。

为了确保研究内容的丰富性和多样性，作者在写作过程中参考了大量理论与研究文献，在此向相关专家学者表示衷心的感谢。

最后，由于作者水平有限，加之时间仓促，本书难免存在一些疏漏，在此，恳请同行专家和读者朋友批评指正！

Contents

第一章　绪　论

在科学技术日益进步的今天，产品设计也由工业社会时期的批量生产设计发展到知识经济时代的概念型设计，产品设计的发展和提高，反映着一个时代的经济、技术和文化发展水平。本章分为产品设计的作用与原则、产品设计的类型与意义、产品设计的发展沿革和产品设计的发展趋势四个部分。

第一节　产品设计的作用与原则

一、产品设计的定义

我们所说的产品，就是指人类生产制造的财富。产品设计，就是对产品的造型、结构和功能等进行综合性的设计，主要是为了满足人类的物质需求和精神需求而进行的设计，通过这些设计，可以生产、制造出实用、经济、美观的产品。

产品设计与工业设计这两个名词的界限并不明确，产品设计更注重设计对象本身的物质或非物质（如用户界面、相关服务等）方面的设计，而工业设计则更强调要使设计对象实现所要涉及的各个环节的设计。而这两者的概念都在发展并渐渐融合，从工业、商业的范畴向更多的领域延伸。一般而言，产品设计或工业设计，更强调产品物理方面的设计，包括造型、功能、人体工学、CMF（颜色、材料、表面处理）、结构工艺、环保与回收等方面的设计；现今，产品设计或工业设计不仅包含产品本身以及与制造相关的物质方面的设计，也包含与产品本身相关的服务设计、用户界面设计等非物质性的设计。产品设计的定义可以从以下三个方面来描述。

①广义的工业设计是指人类为了实现某种特定的目的而进行的创造性活动，它包含在一切人造物品的形成过程当中。这个过程也是现代意义上的工业设计的内涵，是人们为了满足某种特定的需求或者多方面的需要，从最初的构思经过一系列切实可行的工业产品设计实施方案和设计流程，使用现代化手段进行产品的生产和服务，最终实现产品生产全过程的一系列行为和设计的过程。

进入信息时代的工业产品设计，服务对象由以前的工业、企业大大扩展到商业、金融、保险等第三产业；产品也由硬件扩展到公共关系、企业形象等软件；由有形产品的设计扩展到无形产品的设计。

②狭义的工业设计就是指产品设计，是人们为了维持生存和生活的发展，对工具与产品进行的一系列技术性工作设计。工业设计的核心是产品设计。

③现代意义上的产品设计就是指为了满足人们的需求而对产品的性能、结构、材质和可靠性等进行综合设计，实现人们有意识地改造和创造出人们生活所需要的物品的目的。经过设计的产品要实现产品的实用性功能，要实现产品带给人们审美体验的功能和产品带来的附加价值，要更好地适应市场经济的发展水平。现代产品设计还要应用科学的设计方法，充分适应时代发展的需求，把人们对未来的一种设想通过具体的载体以美好的形式表达出来，这是一个创造性的综合处理信息的过程。

二、产品设计的作用

产品设计的目的，是要做出的东西可用、可看，要使人们的生活更加便利、生产更加高效率，要创造一个优美、舒适的智能居家环境，使高科技、高智能的生活理念深入人心，改变人们的生活方式，引领人们的生活潮流。世界各国都很重视工业产品设计，产品设计在国家的长期发展战略和经济发展中具有举足轻重的作用，产品设计是集技术、经济、教育、艺术创作及文化等于一体的一个时代的社会反映。

如果把产品生产定义为一个"生态系统"的话，那么产品设计是其中至关重要的一环，缺少这一环节，整个系统就会面临崩溃。从这个意义上说，产品设计是一个连接节点，起到了纽带的作用。

（一）满足用户的需求

产品设计应充分适应和满足人对产品物质功能与精神功能两个方面的要求，使企业扩大生产范围，给人们创造出多样化的产品。一件产品凭什么能够赢得用户的好感？第一要能够准确抓住用户的需求点，第二要把这个需求点进行精彩的阐述并表现到产品中去，第三要把这个需求点通过产品有效地传达给用户。这些都是产品设计所要完成的工作。所以，我们通过设计市场调查去定位用户的需求，通过设计程序与方法去翻译用户的需求，通过设计语义和交互设计去传达用户的需求，这都是很重要的事情。

（二）提高企业的竞争力

产品设计质量的提高和对产品各部分合理的设计、组织，促使产品与生产更加科学化；而科学化的生产必将推进企业管理的现代化。一个企业有了好的产品设计，生产了好的产品，就能赢得好的市场，从而实现经济效益。这也是工业设计进入企业竞争策略的一个台阶，亦即产品生产中在技术条件趋于同质化的境况下，企业若想取得竞争上的优势，将工业设计纳入企业核心竞争力是一个有价值的手段。然而，要想做一个好的产品设计并不是那么容易的事，企业中的产品设计开发不仅要符合企业的产品战略，还要从产品的功能、结构、外观等各方面进行综合布局，设计过程中还要考虑产品的制造成本、运输成本，又不能损失卓越的功能性和独特的美学价值。一个好的产品设计还应该是企业的流动广告牌，应该能够承载企业独有的文化内涵和形象气质，能够演绎出符合企业策略的产品基因并传承下去。

产品创新的设计，能促使产品开发和更新，提高产品市场竞争能力，推进产品销售，增加企业经济效益。进入 21 世纪以来，消费者的自主意识逐渐提高，消费结构也在逐渐升级，市场竞争尤为激烈。很多企业开始意识到产品设计的重要性，再也不能像以前那样单纯地做产品了，而是要走进市场，走近消费者，根据消费者的需求来做产品。市场上也出现了这样奇怪的现象：同类的产品，同样的质量，同样的价格，同样的服务，可是这家却没有那家卖得好。相信对于这个问题，很多企业百思不得其解。其实原因很简单，这很大程度上是由于那家卖得好的公司更加重视产品设计，更加重视用户体验，更得消费者欢心。如今的市场，得消费者得天下。

产品能否抓住消费者的心，产品销量能否持续增长，取决于企业的产品设计是否符合消费者的实际需求与喜好。产品设计主要包含外观设计与结构设计。在质量、性能、服务基本相同的情况下，产品的外观设计的作用就突显出来了。有效的产品外观设计能让你的产品更有魅力，更能吸引消费者的眼球，也更能让消费者掏出自己的血汗钱来为你的产品买单。而结构设计是实现产品功能的基础，其作用主要体现在产品零部件的配置、功能的优化、材料的选取、成本的控制等方面。科学合理的结构设计能够优化产品零部件的配置，提高产品的性能，降低产品的生产成本。科学合理的结构设计，也是优秀的产品设计师所追求的。

产品设计不是一个简单的过程，而是一个集思广益的过程，并非通过一己之力就能完成，它需要通过前期的市场调研分析，找准市场定位，再经过设计研究分析，激发设计师的设计灵感，找出科学合理的结构设计、功能设计的布局方案，最终筛选出最优的产品设计方案。这需要企业拥有相应的专业人才、完善的设施配置、行之有效的设计流程、丰富的实战经验，这对于大多中小企业而言，是难以实现的。

（三）实现产品的情感诉求

产品设计在满足用户需求的同时，也悄然改变着人们的生活。产品设计早已走过单纯的功能至上的时代，现代产品设计的消费者们除了对产品功能上的诉求之外，情感诉求日益重要，尤其是在那些与人们的生活息息相关的产品上，如家电、消费电子产品、家居用品等。在知识经济时代，人们的生活状态发生了变化，就像互联网的崛起改变了人类聚居的群落形式和交流方式一样，信息化、智能化和带有人类感情色彩的温情产品逐渐受到人们的青睐。怎么实现产品的情感诉求？这并不是一个全新的课题。

产品设计的过程其实是一个发现问题、分析问题、解决问题的过程，在这个过程中，用户是设计活动围绕的中心。产品设计关注产品的功能及物质技术条件，力图解决人们生活中遇到的难题，给使用者带来生活上的便利。例如，汽车改变了人们的出行方式，扩大了人们的生活半径，削弱了距离对定居的限制，进而影响着城市的布局；手机改变了人们的通信方式，极大地方便了人与人的实时联系。

外观的美感也是产品设计关注的问题，一个好的产品除了有良好的功能外，一定能为使用者带来情感上的愉悦。例如，跑车的流线型车身及炫酷的车灯，能为使用者带来感官上的刺激与快感；水晶吊灯优美的形态带给人高雅的感受。情感上的愉悦又会成为人们创造美好生活的强大动力，因而，产品设计从情感角度也在影响和改变着人们的生活。

早在第二次世界大战期间，那些研究武器的工程师们为了使士兵在坦克和飞机的操作中减少疲劳和进行有效战斗，而力图从人—机—环境的角度解决问题。人机工程学悄然兴起。及至战后到如今，人机工程学越来越多地运用到民用工业中，形成了"以人为本"的重要设计思想。当然这还只是第一步，此时的产品只是被动地为人们提供身体上和行为上的方便。

20 世纪 80 年代，交互设计应运而生，旨在定义产品的行为方式并且规定传达这种行为的有效形式。简言之，产品有了更大的主动权去进行信息和行为的表达，它与使用者之间的关系更加密切了，甚至成了使用者生活中不可或缺的角色。如果对这个问题有疑虑，大家不妨想想那些机不离手，无论吃饭、走路、上厕所、坐公交，都忙得不可开交的"手机控"们，这种非常态的人机互动未必真的是单纯功能上的需要了。

三、产品设计的原则

（一）以人为本

产品设计首先要遵循以人为本的原则。人是产品设计的中心，产品设计的目的也是要满足人们的各种需求，人也是产品最终的使用者。产品设计的过程，是在协调产品的内部结构和外部造型的基础上，实现人从使用产品的功能价值到满足人们的情感交流等层次的需求。新颖美观的产品设计也综合体现了以人为本的设计美学原则，产品设计的创新思路也在产品内在功能实现和外在的变化形式的基础上，更加符合人们的审美观念，体现出产品对人的无微不至的关心，产品设计也上升到了对人的精神层面的关注，体现出来的是对老年人和残疾人等的特殊的人文关怀。

产品设计以人为本的原则，还体现在产品在为人们提供便利的同时，也能调动人们丰富的想象力和创造力。例如，现在人们使用的各类电子产品、儿童"DIY（Do it yourself）"的各种玩具和各种参与意识很强的活动，人们不仅是这些产品的使用者，也在亲力亲为的活动中，成了产品的创造者，这使人们获得了满满的成就感，实现了人们的自我价值，这也就是马斯洛需求原理中的第五个需求——自我价值实现的需求。

人们在这种与产品良好沟通的过程中，不断发挥自己的创造力，也能对产品进行艺术性的创新，赋予产品设计的市场、科技、人文等综合因素的美观标准，创造内外和谐、积极健康、亲切灵动的产品形态。

产品的人性化设计，也体现出了以人为本的原则。产品设计的人性化，是为了让人们更加方便且安全地使用产品，体现了对人的关怀，使人们的生活更加稳定、和谐、幸福、健康，这也是一个社会存在发展、长治久安的必要基础，以此达到"以利天下，天下和顺"的目的。产品设计的人性化，主要体现为以下两点。

①产品的使用对象是大部分的正常人，但产品设计同时也要考虑到弱势群

5

体的特殊消费要求，满足他们正常的使用需求，在人性化设计中，要给予他们物质上的关怀和心理上的关怀，体现设计"以人为本"的原则。

②人类对于外部世界的感觉通常分为五种——视觉、听觉、触觉、嗅觉和味觉。其中视觉把握信息的能力最强也最准确，而视觉信息大部分又是通过色彩传递的。在产品的设计中，要充分考虑色彩的准确的传递效果，根据产品的具体情况选择适合的色彩搭配，设计出色彩分明、美观大方的易于被人们接受的产品。

（二）经济性

产品的价值，一方面在于产品的使用价值，另一方面在于产品给人们带来的服务等附加价值。产品的使用价值实现了产品创新的经济价值和直接面对客户需求的产品特性的功能价值，产品的附加价值也是产品经济价值的重要组成部分。

产品设计的出发点是人们的需求，需求也是产品生产的动机，产品设计的目的也是满足人们的需求，所以说需求贯串于产品设计的整个过程。现代多元化的社会需求，促进了产品设计的多元化，产品不断更新换代，最终导致人们的消费观念和消费结构不断变化和调整，也出现了多元化趋势，同时又促进了产品创新设计的发展，产品的市场竞争也越来越激烈，产品设计更加趋向于经济性的考虑。

产品设计的经济性原则，也要求产品设计者不断提升产品的使用价值，及时准确地了解消费者的需求，掌握同类产品的市场动向，做好市场调研，了解消费者真正的消费心理和消费趋势，多层次多渠道收集信息，了解行业动向和行业竞争情况，促进产品的优化，强化产品的使用价值，提高产品的附加价值，使企业取得最大的经济效益。

（三）科技先导

当今的"互联网+"、大数据时代的产品设计要以科学技术的成果为先导，加快先进的工艺技术适时地向产品转化的进程，不断更新产品，使产品能更好地满足人们的需求，更加被消费者认知和接受，打开产品销售的市场，使科技时代的知识创新和技术创新更快更准地向产品设计创新转化。科技时代，产品设计的生命力在于产品的不断创新，在于使科技进步更快地转化为有形的产品，出现更多的设计成果，扩大科技成果的力量，增强科技产品的市场优势，使人们的生活更接近于智能化。

当年日本利用从美国购买来的技术，及时以科技为先导创新产品，强调产品设计中技术的有效使用与转化，成功夺走了美国人的许多市场份额。当年微波炉的设计者就创造性地利用了工业领域的微波加热技术，结合人们对无污染烹饪的消费需求，设计了应用于家电领域的炉具。后来又为了满足人们对烧烤烹饪的需求，引入了石英管加热技术，微波炉实现了功能上的升级换代的创新。随着新材料、新电子技术的发展，微波炉从内胆、外壳到表面处理也不断地推陈出新，有了后来的光波炉。

利用现有技术尚能获得这样的效果，那么在高新技术产业中，层出不穷的新兴技术成果如果能及时转化为新产品，或帮助原有产品改善性能、改进结构、改变外形，则将产生更具时代意义的创新成果。在高新技术向创新性产品转化过程中，依然要体现产品设计的人性化，主要体现在以下几个方面。

①智能产品通过良好的智能化人机界面设计，使得人们对高性能、高科技的智能产品和智能家居用品的操作更加轻松自如，人们可以享受到智能化给人们的生活、工作和学习带来的便利。

②智能产品的可识别性，使得产品的内在功能和产品外部清晰的操作标志和谐地呈现给消费者，使人们对智能产品的指示符号产生期待，智能产品的指示符号也要符合消费者的使用习惯，简单且容易辨别。

③要始终坚持高科技产品设计的适度性原则，实现人、产品、环境和社会的和谐发展，最大限度地满足人们对产品的使用价值和附加价值的需求，提供给消费者安全可靠、舒适健康的产品使用体验。

（四）可持续发展

随着环境问题的日益严峻，人们在选择产品时，也越来越多地关心它的环境属性，这促使设计师在进行产品设计时必须遵循可持续发展的原则。在这样的前提下，产品设计成为倡导可持续发展的一支主力军。在产品设计的初始阶段就将产品整个生命周期中的环境问题考虑在内，从而能够在满足产品功能、质量、使用寿命的同时，使其对环境产生的影响最小，并且通过对产品材料的选择、使用方式的优化等手段，引导人们养成有利于环境的消费习惯和生活方式，尽可能地避免破坏环境，使"人、产品、环境"三者之间的关系趋于和谐。

20 世纪 70 年代联合国等国际组织首先从环境保护的角度进行可持续发展的探索。1987 年，世界环境与发展委员会发表了报告《我们共同的未来》。报告认为，"环境退化会影响经济和社会发展"，人类的开发活动如果破坏了环境资源的可持续能力，会导致生态灾难，而生态灾难是导致发展中国家贫困的主要因素之一。针对"经济活动——环境破坏——生态灾难——经济后退"的恶性循环，委员会提出了"人口抑制——可持续开发——摆脱贫困——环境保护"的发展模式。报告认为，经济、环境与社会的发展是密不可分的，可持续发展是以保障环境可持续能力为基础的经济增长方式，而社会的发展和社会公平是可持续发展的根本保证。

1992 年，联合国环境与发展大会通过了《21 世纪议程》，确立了环境和发展的综合目标和途径。《21 世纪议程》是内容广泛的行动纲领，较为系统地阐述了实现可持续发展目标的手段和措施。整个内容共分为四个部分，第一部分为社会经济的可持续发展，包括加速发展中国家可持续发展的国际合作、消除贫穷、改变消费形态、人口动态与可持续能力、保护与增进人类健康、促进人类住区的可持续发展、将环境与发展问题纳入决策过程等内容；第二部分为资源的保护和管理，包含保护大气层、陆地资源的统筹规划与管理方法、脆弱生态系统的管理、禁止砍伐森林、促进可持续的农业与农村发展、养护生物多样性等内容；第三部分为社会团体和组织在可持续发展中的作用；第四部分为实施手段，包括财政、教育、国际体制的安排等内容。《21 世纪议程》对每个具体的内容都从行动依据、目标、活动和实施手段四个层次进行了具体的阐述。

1994 年，中国政府在联合国开发计划署编制了相应的《中国 21 世纪议程——中国 21 世纪人口、环境与发展白皮书》。该议程作为我国国民经济和社会发展中长期计划的一个指导性文件，从我国的基本国情出发，阐明了我国可持续发展的战略目标、方针、措施和基本内容，主要内容分为四大部分：可持续发展总体战略与政策，社会可持续发展，经济可持续发展，资源的合理利用与环境保护。

产品设计的可持续发展原则，指的是产品设计要创造出合理的满足消费者需求的、与生态环境相协调的产品，提倡和谐健康的生活方式和生活理念。美国工业设计师协会每年会评选出对环境保护做出贡献的"卓越产品设计奖"，德国提倡生态保护的产品设计。在创新产品的设计中，设计者应利用有限的资源，保护环境和生态的平衡，提倡废旧产品的重复利用，建立强烈的社会责任感，引导人们新的生活方式，实现人、产品和生态环境的和谐发展。

第二节 产品设计的类型与意义

一、产品设计的类型

（一）按照不同的生产方式

产品设计按产品的不同的生产方式进行分类，可以分为手工艺产品设计和工业产品设计。

1. 手工艺产品设计

欧洲工业革命之前，以手工业作坊为主的产品生产时期，产品的艺术设计是一种"技艺"。技艺的传承主要是以师傅带徒弟的形式，通过示范、身教、口传、临摹学习、实践等方式进行，很少有系统的理论，个体之间相互的影响非常重要，徒弟通常是依据师傅的范本进行模仿，进而逐渐提高自己的技艺，师傅的能力、水平常常会直接影响到徒弟。此时的产品设计最缺乏的就是创造性发展。徒弟的多少、学徒时间的长短往往根据作坊的生产能力和技艺的难易程度而定。

19世纪欧洲第一次工业革命之后，以英国的艺术家威廉·莫里斯为代表人物的"工艺美术运动"，开始通过民众教育来传递设计思想。他在民众中宣传"手工与艺术结合"的思想，提出"美观与实用"的概念，并倡导艺术家要参与到社会产品的设计和生产中来，要与工匠合作才能实现艺术的社会理想。

手工艺产品设计是指通过手工对原料进行有目的的加工制作的设计，它主要的设计方式是依靠人们的双手和一些辅助性的工具，也包括当时的简单的机械工具。手工艺产品的制作材料主要是玻璃、金属、陶瓷、皮毛、树木、竹子等。

从时间跨度上，我们可以将手工艺产品设计划分为传统手工艺设计和现代手工艺设计两大类；而根据工匠和从业性质的不同，我们又可以将它划分为传统手工艺设计与民间手工艺设计。

下面主要介绍传统手工艺设计、现代手工艺设计和民间手工艺设计。

（1）传统手工艺设计

传统手工艺设计是指那些从历史上传承下来的以手工制作为主的工艺品类设计，例如，玉器、象牙雕刻、刺绣、缂丝、景泰蓝、金银首饰、地毯、雕漆等工艺品的设计。它主要继承了古代的贵族工艺、宫廷工艺，选料贵重、加工精细、制作精巧，所以这类工艺又被称为"特种工艺"。

（2）现代手工艺设计

现代手工艺设计是随着新材料和新工艺的不断出现而出现的，是现代材料、现代设计观念、审美意识和手工制作技术相结合的产物。产品设计的设计师也从传统意义上的手工艺匠人转变为具有一定艺术修养和审美能力的工艺设计师和高等院校工艺美术专业的师生等现代艺术设计人员。现代手工艺品的品种繁多，如现代陶艺等，同时也有一些现代手工艺品是传统手工艺品中所没有的，如各种纤维工艺品、现代毛绒玩具等。

现代手工艺品还有一个重要的特点就是它与生活的联系更加紧密。它不仅由专业人员设计和制作，也吸引了很多非专业人员来设计和制作。现代手工艺不断拓展了工艺美术的创作范围，增加了工艺品类，完整地表现了工艺美术美化生活、充实生活、创造生活的本质。

（3）民间手工艺设计

民间手工艺设计是广大劳动人民为了适应生活的需要和审美要求，就地取材并且以手工生产为主的一种具有独特性的工艺品类设计。它会因为地区、民族、社会、历史、自然条件、地理环境、风俗习惯、生活方式、审美观念的差异而产生不同的风格特色。民间手工艺与传统手工艺相比，在所使用的材料、加工制作的程度以及所产生的艺术风格和服务的对象等方面都有着巨大的差异，同时民间手工艺与传统手工艺、现代手工艺又有相交义的地方。一般民间手工艺品的作者大都是农民、牧民、渔民、市民、手工业劳动者。从时间的角度来看，民间工艺的本质从传统到现代一脉相承。它就地取材，加工简易，不刻意求工，风格质朴自然，表现出浓郁的生活气息和淳朴的情感。

民间手工艺的范围遍及生活的各个方面，主要品类有：工具、玩具、车舆器用、家居什物、节令方物、衣食器用等。工具类有木制工具、铁制工具、纺织工具等；玩具类有布玩具、纸玩具、编制玩具等；节令方物类有年画、春联、剪纸等；家居什物类有木制或竹制的家具，藤条、草、柳条编制的筐、篮、席、垫等；衣食器用类有蓝印花布、蜡染、挑花、剪纸等民间手工艺。

2. 工业产品设计

工业产品设计就是以机械化为前提的批量产物的设计。它主要是指通过满足人们对产品的使用功能和审美情趣的需求，通过社会经济、文化发展等综合因素的考虑，对所有工业产品的性能、结构、色彩等进行的一项科学性、艺术性、经济性和社会性有机统一的创造性活动。

19 世纪末到 20 世纪初，以欧美国家为中心的世界工业技术发展迅速，极大地促进了社会生产力的发展，也使社会结构和社会生活发生了极大的变革。以往那些形形色色的艺术设计运动只强调设计为社会权贵服务的思想已无法应对城市发展、技术产品及产品的信息传达等新问题，必须建立新的设计理念、策略和体系来适应这些变化。包豪斯在欧洲各地招收学生，通过艺术教育和设计实践，以期培养新一代的设计师。它在广泛吸取了欧洲各国的设计新探索和试验成果后，把欧洲的现代主义设计运动推向了一个空前的高度，最后，使自己成为现代主义的中心。

包豪斯还开创了工业设计教育的全新局面，把平面、立体空间、材料、色彩等的研究科学系统地建立起来，彻底打破了过去那种仅仅基于艺术家个人的、非科学化的、感觉的、经验性的、技艺传授式的艺术设计方式。

包豪斯产品设计教育的核心是顺应现代工业化生产技术发展的要求，广泛采用现代材料，以顺应批量生产为目的，进行具有现代主义特色的工业产品设计的实践探索，形成以现代主义观念为中心的设计体系。包豪斯广泛采用工作室体制，让学生参与动手制作，彻底改变过去只停留在纸面上进行设计的陈旧教育方式。它还积极地与德国企业界、工业界联系，不断地参与社会的设计实践活动，使学校的教育能够与社会的工业生产活动紧密联系起来，这既增强了设计的应用性，又能培养学生的设计实践能力。

（二）按照不同的使用目的

产品设计按照使用目的的不同可以划分为日用品设计、电子产品设计、交通工具设计、家具设计、纺织品设计和服装设计等。

1. 日用品设计

日用品就是我们所说的人们生活所需的日常用品，对这些日常用品的设计就是产品设计中的日用品设计。日用品按用途划分包括家居用品、洗漱用品、厨卫用品和装饰材料等。

2. 电子产品设计

电子产品在 20 世纪 90 年代之前主要指个人家庭的电视机、收音机、照相机、电脑、电话等消费类电子产品；进入 21 世纪，电子产品主要指融合计算机、信息与通信、个人家庭的消费类电子三大领域的信息家电，是指所有能通过网络系统交互信息的家电产品。随着"互联网+"、大数据时代的来临，智能冰箱、智能扫地机、智能音箱等智能家电都将属于电子产品。电子产品的设计也随着电子产品的不断改进和发展进行着紧跟时代潮流的设计。

3. 交通工具设计

交通工具包括用于满足人们"行"的需求和交通运输需求的各类陆地交通车、航天交通飞机和海上交通的船。交通工具设计在满足人们安全舒适和速度方面的要求的基础上，也更加注重交通工具的个性化造型设计，交通工具的便利性也使得地球变"小"，使人们的出行更加方便。例如，1908 年福特汽车公司设计生产的 T 型车问世，为当时的人们提供了前所未有的便捷的出行方式，极大地促进了社会的繁荣。随着科技生活潮流的发展，概念汽车、限量汽车、无人驾驶汽车相继问世，引领人们的生活方式发生改变。

4. 家具设计

目前，家具不仅是一种功能产品，更是一种精神产品，具有某种文化内涵，同时人们生活方式的改变也为家具的创新设计提供了层出不穷的设计思路。家具的新的功能内容、新的外观设计、新的结构方式、新的装饰方法等构成家具产品的创新设计。家具设计既是工业设计的一类，同时又是环境设计，尤其是室内设计中的重要的组成部分。

5. 纺织品设计

纺织品泛指一切以纺织、编织、染色、花边、刺绣等手法制作的成品。根据产品设计的材料不同，纺织品设计也可分为纤维素材的纤维设计和织造材料的染织设计。织造材料设计的重点主要在地毯、壁挂织物方面，因材料不同，有羊毛毯、丝毯和化纤毯的区别。因功用的不同，地毯与壁毯的装饰样式和装饰主题有较大差异。壁毯突出体现了其装饰性的特点，主要通过缂丝和多种编织手段来塑造立体的装饰效果，被称为"软雕塑"。纺织品设计起到满足人们生活需求和美化生活的作用。

6. 服装设计

从原始社会的树叶、兽皮蔽体到现在的舒适个性的服装设计，服装已经成为一个人气质、文化水平和身份的象征。服装设计师不仅仅要注重技术设计，提升技术素养，更要了解人们的服饰心态和民风习俗等社会文化知识，从服装的款式、色彩、质料和加工工艺等方面满足消费者的需求。

服装的"适体"是服装设计的核心，服装的款式设计是基础，款式设计可以体现出服装的个性；通过对消费群体的测绘、样品制作和服装结构设计、工艺设计，最终服装成品完美呈现给消费者。服装的样式和时尚是服装设计的主要领域，也是设计师发挥艺术想象力和创造力的重要领域。

服装设计还包括对附属饰品的设计。服饰饰品也是构成一个人整体形象的重要点缀，更能体现服装的生命力。不同的时期，饰物的品种、式样、图案、材料也都有不同的变化，表现了一定历史时期的时代风貌、文化艺术和审美心理等特点。

二、产品设计的意义

古人说，"以史为鉴，可以知兴替"，这大致说的是历史的学习对于我们的指导意义。产品设计的历史是每一个设计系学生的必修课，可以让我们了解设计的发展脉络并预知其发展趋势，其意义就在于此。学设计史，要发掘它所反映出来的设计规律和本质，而不是背诵那些代表作、代表人物和历史事件。

产品设计的发展，主要受到产业经济、科学技术、社会文化的制约，下面分别予以阐述。

（一）产业经济的发展

一个产品从概念转化为实体的过程中，需要有物质技术条件作为支撑，这就使得产品与原材料生产、加工制造等行业有着紧密的联系。在产品销售阶段，需要对产品进行宣传推广，这就使得产品与广告业建立了联系。很多产品在销售后，需要提供安装、维护或其他售后服务，从而使得产品与服务业紧密相连。这一系列的联系，使产品和与之相关的行业形成了产业链，从而在企业不断推出符合市场需求的新产品时，带动整个产业链向前发展。例如，汽车的生产制造带动了钢铁、石油、汽车服务、汽车软件开发等行业的发展。

产品设计是一种有目的的活动，无论是生产者还是设计师，进行设计的目的都是将产品的功能、物质技术和审美性进行完美的融合，从而增强产品的综合竞争力，提高产品的附加价值。同时，产品设计是以市场需求为依据的。在产品的设计阶段就已经考虑到产品的生产销售问题，以期设计出的产品在满足使用者需求的同时，降低生产成本，便于制造，从而为企业带来更多的经济效益。

经济基础决定上层建筑，经济是一个绕不开的话题。就以批量生产为特点的产品设计来说，其真正的萌芽状态是工业革命兴起后对设计的真诚呼唤。工业设计源于工业的发展和商业的兴起，是为经济发展服务而产生的。而且一开始并没有工业设计师这样一个合适的角色，他往往脱胎于其他行业，比如建筑设计、工艺美术等。在我们所熟悉的"包豪斯"时期，那些带来一场场设计变革的大师们的真实身份往往是建筑设计师或平面设计师，产品设计师不过是他们的"业余角色"。

产业经济的发展使工业设计的出现具备了经济基础，工业批量化生产的需要使社会的分工越来越细，产品造型设计（工业设计——开始就是以单纯造型设计的身份出现的）得以成为社会分工的一个环节独立出来。而商品经济的繁荣和同类产品竞争的加剧，使工业设计越来越成为一种有效的竞争手段。在以后的时间里，工业设计的存在价值不断得到加强，并在不同的行业里继续分化并呈现出不同的表现形式，尔后职业设计师出现了，专业的设计事务所（设计公司）出现了，不同的国家和地区也依据自身情况纷纷制定了相关政策，工业设计的发展走向多元化。

因为经济发展的不均衡，工业设计的发展也是不均衡的，放眼世界上的设计中心几乎均处在经济发达地区，这也正印证了经济要素在设计发展中的决定性作用。由此我们或可期待，中国经济的飞速发展必然带动设计产业的快速跟进，这将会是一个令人振奋的愿景。

总体来说，产品设计在为众多企业争取市场优势地位的同时，也带动了与之相关的行业的发展，进而推动着整个社会经济的发展。

（二）科学技术的进步

机械工业的发展使产品的批量化生产成为可能，这直接促成了真正意义上的工业设计的出现。塑料的出现使产品造型方法发生了翻天覆地的变化，之前一切由于材料和加工手段的限制所设置的藩篱被打破了。而由于塑料制品有优良的着色能力，这使得产品的色彩设计被提升到了相当重要的地位。电子产品的出现更印证了技术在改变人类生活中的引领作用，一时间，电脑芯片被植入各种家电产品与消费电子产品中去，使它们具备了超常的数据处理能力以及智能化的运行方式。

近年来，物联网开始广泛应用在交通、物流、环保、医疗保健、安防电力等领域，人们在潜移默化中受到了物联网的影响。与此同时，共享单车、智慧零售等物联网的行业应用正日益成熟，整个物联网应用市场的细分化趋势也日益显现。"物联网"行业志在把信息产业带入另一个新的天地，成为继计算机、互联网之后的第三次发展浪潮。"物联网"将应用到我们日常生活中的方方面面，物品之间可以自由进行信息的交流，消费者在使用这些物品的时候将会获得更加充分和美妙的体验。

2009 年，我国物联网行业的产业规模为 1700 亿元；2015 年，我国物联网行业的产业规模已经超过了 7500 亿元。从 2009 年到 2015 年，我国物联网产业的年均复合增长率超过了 25%，可谓增长迅速。此外，相关研究报告预计，到 2022 年时，我国物联网产业规模将超过两万亿元，物联网将应用到智能家居、智慧城市、工业物联网、车联网等这几个细分的市场。

智能家居正处在一个爆发式增长阶段。如今计算机技术、图像识别、深度学习技术已趋成熟，5G 也正向我们走来，此时正是智能家居发展的绝佳时机。早在几年前，各大房企纷纷宣布进军智能家居领域，万科的"三好住宅"也在智能家居上做了探索。

工业物联网产业规模快速增长。在工业物联网的应用场景不断扩宽之际，各有关方面开始关注工业物联网的未来发展状况，并发布了相关的指导意见，如《工业物联网互联互通白皮书》。未来，我国物联网产业的市场规模将不断扩大，工业物联网将进入全新的发展阶段。在各界人士的共同推动下，我国工业物联网的实际应用价值将充分显现出来，给工业发展注入更多动力。

车联网市场投资、合作不断，多家上市公司积极布局。随着自动驾驶、物联网技术的快速发展，车联网成为国内外新一轮科技创新和产业发展的必争之地。多家上市公司已经强强联合，在车联网领域积极布局。车联网催生了新技术向智能化发展，车载操作系统、车载通信服务、新型汽车的安全等新产品、新服务将成为研究热点。

但科技的发展带给人类的并不全是福利，如果处理不好，负面影响也是巨大的，所以说科技发展是一把双刃剑。首当其冲的便是环境问题，这个问题由来已久，由此诞生了绿色设计理论。绿色设计是一个大而化之的概念，存在于众多的学科领域，尤其在工业设计领域内，绿色设计是一个重大的课题。不过需要说明的是，绿色设计不是简单的"3R 原则"，而是一个系统设计，这个系统包括社会文化的诸多方面，是一个良性社会环境内在的诉求，而不是一些设计师应景和略带矫情的设计创作，也不是设计理论家们发乎笔端、无法实施的纸上谈兵。当然绿色设计的真正实现也有赖于新科技的出现。

（三）社会文化的体现

其实从某种程度上来说，产品设计是一种文化现象。如果说经济发展是其存在的基础，科技进步是其发展的内驱力，那么社会文化则是其以面示人的气韵和形象。文化是有历史性和地域性的，由此也就不难理解设计史中会有那么多形形色色的产品设计风格，那些风格的形成固然有技术条件和生产条件的制约因素，但文化所施加的影响才是持续的和本质的。设计历史犹如河流，文化影响譬如河堤和水中沙石，河流沿堤而行，绕石而过，随势赋形，又不屈不挠，或改道，或漫堤，或摧枯拉朽、大浪淘沙，或锲而不舍、滴水穿石。文化影响和规范着设计，而设计也改变和颠覆着文化。

同时要说明的是，文化是渗透到设计皮肤肌理中去的，而不是徒有其表的装饰。设计师要研究一件设计作品所体现出来的文化要素，不能只看表面，而要如庖丁解牛一般，方能达到"道"的境界，而超越技法本身。所以，开发具有传统文化特色的产品设计，必须要了解传统文化的精髓所在，去了解那些文化现象的因果关系，而不是直接套用传统图案元素，做一些毫无意义的工作。例如，"折扇时钟"的设计不仅仅是套用了"折扇"的形式，而是将其形式、功能以及产品的内涵进行了融合。

第三节　产品设计的发展沿革

一、产品设计的发展历程

从历史和词源的角度来看，"设计"一词来自英文"design"，这是一个来源于文艺复兴时期的艺术批评术语，指作品的草图或素描，进而也可以理解为一件作品最根本的理念。而"设计"一词广为人知并迎来随之而来的自身的发展和进步，则是在工业革命之后。

现代意义上的产品设计可追溯至20世纪初的欧洲，工业化大生产推动了现代企业的发展和成型，也使设计与现代生产模式、人类生活方式空前紧密地结合起来。工业革命后的产品设计在发展过程中，在不同国家和不同地区产生出众多的运动、流派和理论，如英国的工艺美术运动、德意志的制造同盟及后来的包豪斯学院、荷兰的风格派、美国的流线型风格运动等。

从上述发展历程中，我们大致可以总结出以下四个方面的内容。

二、产品设计的发展沿革

（一）以批量生产为中心的产品设计

工业革命是以"机械化"和"大批量生产"为标志的产业革命。机械生产逐步取代传统手工业生产，使得产品实现大批量和标准化生产成为可能。为了使产品能够为更多的人所使用、喜爱，同时也要重视在机械化和大批量生产中将会出现的问题，产品设计部门需要安排专门的人，将消费者的需求、产品的生产和流通、产品的使用等产品设计的各个环节进行整合、协调，以提高批量生产的效率，追求生产效益的最大化。这是现代产品设计诞生的背景，也是当时设计所起到的最大作用。在这样的背景下，产品设计被要求与材料工艺和生产制造紧密结合，在设计上追求简洁、纯粹、精确和功能主义。也正是在这样的背景下，才有了我们现在耳熟能详的"形式追随功能"和"少即是多"等口号般的设计原则。事实上，这些口号背后所传达的是面向物质生产的效率美学。

在这一方面，一个很好的例子就是1859年问世的索涅特14号椅（Thonet chair No.14）。索涅特椅局部以机器制造，部分靠手工将规格化零件加以组合拼装，并且这些零件可用在不同的款式上，而14号椅则成为其中的经典之作，也成为现代量产家具的原型和典范。根据资料记载，到1930年14号椅已经生产了5000万把，至今仍在制造，实属产品设计历史上的成功之作。早在1830年左右，索涅特便尝试将木制家具零件弯曲成弧形。他开发出一种方法，使得坚硬的山毛榉木条能够在蒸汽压力之下弯曲成圆形或S形。他将事先裁切好的山毛榉木条在加压蒸汽室中加热超过100摄氏度，而后把已经变得极富弹性的木条嵌入铁铸模型中。为了防止木条裂开，必须在曲形外部紧紧箍上不锈钢薄片，同时通过这样的工艺可以使木材达到超越平常的弯曲程度。在此之后，让折弯的木条在70摄氏度的环境中缓慢干燥20个小时。最后将零件自模型中取出，打磨、上色并抛光。这样的设计使得索涅特椅特别适合工厂的系列化生产，同时亦方便拆解、运输和组装，这也是它获得成功的原因之一，它体现出产品设计从材料加工到生产流通的全流程的系统整合。

（二）以商业竞争为主的产品设计

随着工业化社会和市场经济的到来，产品的研发、生产、营销都逐步完善，新产品以超乎以往任何时期的更新速度与品种数量充斥着市场，而消费者也习惯于面对琳琅满目的商品。产品设计在工业化初期所起到的协调生产关系的作用逐渐减弱，取而代之的是对风格、款式和流行的追求与打造。

以刺激市场消费和助力商业竞争为主的产品设计，一个很好的早期的例子是20世纪30年代从美国流行起来的流线型设计风格。流线型风格以流畅的流线体为主要形式，最初主要从空气动力学的角度运用在汽车、火车等交通工具上，后来由于其样式的"未来感"和"先进性"等原因而广泛流行起来，几乎影响到所有产品的外形设计。从卷笔刀到家用冰箱，产品的外形都被设计成不具功能性（与空气动力学无关）的流线型造型，由于其造型的独特风格突破了人们对产品原型的既有印象，而受到市场和消费者的青睐。

（三）以人为中心的产品设计

当产品设计在消费主义的大旗下茁壮成长的时候，对产品实际使用者的真切需求的关注也日趋增强。除了满足人们对拥有更高品质物质生活的渴望以及企业对更具竞争力的产品市场表现的追逐之外，设计师意识到产品设计最终还是要回归人们的生活，回归我们真实的日常。产品的设计必须面向真实的生活场景和情境，必须为每一个真实存在的个体的切实需求而服务。

以人（用户）为中心的产品设计，注重设计如何围绕人的行为、情感和体验展开。在这里我们将列举的并非是某位大师的某件重要的设计作品，而是两部影响了几代设计师的设计理论著作。一本是维克多·帕帕奈克的《为真实世界的设计》（Design For The Real World），在这本当时颇具争议的著作中，帕帕奈克提出自己对于设计目的性的新看法，即设计应该为广大人民服务，同时设计应当更具有包容性，并且应该认真考虑地球的有限资源使用问题。他指出，如果设计真的想要改变世界，并使之朝着更好的方向发展，那设计师就必须走到真实的世界中去，而非一味地为创造"渴望"和"商业价值"而服务。另一本则是唐纳德·诺曼所著的《日常的设计》（The Design Of Everyday Things），也被翻译为《设计心理学》。

诺曼在书中强调以人为本的设计哲学，希望能够提升消费者与设计者对于产品易用性的觉醒。他指出产品设计应该首先要考虑用户的需求，然后才是产品的外观和艺术风格的设计，产品的简单适用性是产品的生命力。在书中他还给出了易用性设计的相关原则与方法：一个好的设计应当让使用它的人能够简单容易地得悉其基本运作原理（概念模型），外观的设计应该拥有足够明确的信息使人知道该如何去操作（可视性），操作及其所产生的产品实际反馈之间应该有简单易懂的匹配关系（正确的匹配），并且能够及时提供操作后的实际效果以真正完成一次产品的使用体验（有效的反馈）。

（四）以概念性和实验性为主的产品设计

在这一方向上，设计不仅仅以一种服务社会的姿态存在，而更添了一份"主人翁精神"，即设计被理解为一种批判和反省的工具，以提醒和刺激我们重新审视现实世界及其未曾触及的可能性。这样的设计往往极具挑战性和颠覆性。它们通常不以协调和统筹物质的高效与合理生产为目的，也不以市场竞争和商业利润为标杆，甚至也不考虑产品的适用人群会是谁，又会在怎样的情境下被使用。在这里，设计师的主要任务是通过设计作品来和人工世界的现存设计理念、标准和原则进行"对话"，以表明立场并提出新的设计视角、理念和方法，其背后的主要根据往往是反对固化的、标准化的设计原则和方法，主张我们在构建人工世界之时应当是多元的和不断突破固有思维的。因此，这一类的优秀设计作品往往会显得比较"无用"，有时更像是一种宣言，它们的归宿通常都会是世界各大设计博物馆。相比为大规模和商业化生产以及人们的日常生活服务的设计，此类设计把自己的舞台放在了展览、媒体、出版物和博物馆，每天也和成千上万的人们发生"对话"，拥有其特有的价值。

在这一方向上的设计案例也是不胜枚举，并且常常颇为著名。例如，与20世纪30年代的荷兰风格派运动有着不可分割的联系的红蓝椅。荷兰风格派主张以纯粹的几何原则来进行设计，拒绝"复制自然"并严格遵守构成主义的原则。红蓝椅在造型上缩减到了最基本、最"永恒"的元素，它的设计师赫里特·里特维尔德用15条木方棍作为框架，两片木板分别构成座面和靠背，在色彩上回归最基本的红黄蓝三原色以及黑色，成为其鲜明的风格特色，红蓝椅也因此而得名。风格派创始人之一蒙德里安的著名抽象绘画系列则与红蓝椅有着异曲同工的创作理念。红蓝椅虽然具有明确的功能性，其简洁的零件设计也非常适合大规模批量生产，但相比之下它的设计出发点更像是设计师的一种宣言和在特定设计思潮下的产物，更具有一种概念的实验性。因而红蓝椅在当时从未真正超越原型阶段而投放实际生产。显然，这把椅子的实验性和宣言性远远大于其被使用和商业化的可能，因为很明显这不太会是一把舒服的椅子。有意思的是，当时没能被量产的遗憾得到弥补，到了今天红蓝椅以"设计经典"之名而被生产并销售。除风格派之外，在这一方向上的设计团队还有不少，包括后来意大利的"孟菲斯派"和荷兰的楚格设计（Droog Design）等。

第四节 产品设计的发展趋势

一、计算机辅助产品设计

计算机辅助工业设计（CAID）是指以计算机硬件、软件、信息存储、通信协议、周边设备和互联网等为技术手段，以信息科学为理论基础，包括信息离散化表述、扫描、处理、存储、传递、传感、物化、支持、集成和联网等领域的科学技术集合。它以工业设计知识为主体，以计算机和网络等信息技术为辅助工具，来实现产品形态、色彩、宜人性设计和美学原则的量化描述，从而设计出更加实用、经济、美观、适宜和创新的新产品，来满足不同层次人们的需求。

产品设计的重点在于"人性化"设计，随着科学技术的高速发展，人们生活水平的普遍提高，特别是信息时代的到来，人们对产品的需求更趋向于多品种、小批量、趣味化和个性化。然而传统的设计模式需要较长的周期，这样就不能满足瞬息万变的市场需求，因此基于计算机和网络技术的 CAID 在产品开发设计上表现出了出色的优越性和便利性，使产品创新能在限定的时间内准确、有效地得以实现。常用的产品设计软件有：平面绘图软件（Auto CAD）、3DMAX、Pro/Engineer、Rhino 等。计算机辅助产品设计将会使人们对设计过程有更深的认识，使设计方法、设计过程、设计质量和设计效率等各方面都发生质的变化。

计算机辅助产品设计，拓宽了产品设计的对象——人机界面的设计。计算机和互联网技术的结合应用，实现了设计信息资源的共享，优化了产品设计方式和设计的过程。同时也要求计算机辅助产品设计中的设计师要具有完善的知识结构、计算机信息处理的职业技能、计算机程序设计等较高层次的能力素质，也需要更多的专家技术人员参与到计算机辅助设计的创意和设计中，使未来的产品设计更加人性化和智能化，使产品的表达效果更加逼真。

二、产品的绿色环保设计

20 世纪 80 年代出现了关注全球生态失衡、关注人类生存问题的国际设计的潮流，人们开始意识到产品设计中也要体现保护环境的理念，体现人与自然、生态和环境的关系，在设计中充分考虑环境效益，尽量减少对环境的破坏。这要求产品设计师要从产品的材料选择开始就要减少能源的消耗，减少产品使用过程中有害物质的排放，使得产品可以回收再利用再循环，以此来延长产品的使用寿命。

通过绿色环保设计改进产品，可以更好地保护人类赖以生存的自然资源。绿色环保设计可以直接减轻我们在使用产品的过程中给自然带来的环境负荷，能减少产品在生产和消费（包括使用、回收）过程中消耗的能源与资源，能减轻污染排放所带来的环境负荷，能减少产品在运输流动和销售过程中所造成的能源的消耗，减少产品消费终结时产生的废旧物品和垃圾对于生态环境的损害，减轻为了处理它们所需要的能源消耗而造成的环境负荷。另外，在空间安置时也必须考虑产品与其他物质之间的关系，减少产品生产消费损耗。

产品的绿色环保设计应体现以下几种特点。

①产品的循环再利用。产品的构成要素之一是功能。产品功能包括主要功能和辅助功能，主要功能是产品的灵魂，是使用者的核心需求，辅助功能的目的是为了更好地实现主要功能。这两种功能无论丧失哪一种，都会影响产品的使用，甚至造成产品生命周期终结、产品的废弃。通过对产品进行再设计，将产品有利的功能加强，替换不利功能，可以起到循环再利用的效果。

例如，购物袋的主要功能是承载物品，辅助功能是质地结实、耐用。常见的超市用购物袋的主要材质为塑料，为了节约成本，大批量使用，这种购物袋通常很薄，因此承载重物后很容易破损。辅助功能的薄弱导致该产品生命周期很短暂。目前国家实施"限塑令"，积极推广布袋用以代替塑料袋。布袋相对于塑料袋来说，它们的主要功能相同，都可以承载货物，而布袋的优点在于它的质地结实，经久耐用，适合长期反复循环使用，因此推广布袋是一种利国利民的环保手段。

又如，牛奶瓶的主要功能是承载液体，它的辅助功能是质地严密，放置稳定。当里面的牛奶被喝完后，大多数情况下牛奶瓶会被丢弃。设计师针对牛奶瓶放置稳定、质地严密、重复使用的辅助功能对牛奶瓶进行再设计，充分利用牛奶瓶固有的包装特性，将废弃的包装设计成吊灯的基座，使之重新焕发光彩，实现了牛奶瓶的多功能、多用途，同时也延长了产品的生命周期，使得人们在节约的同时，尽享"DIY"所带来的乐趣，最终达到节约资源的环保目的。

②延长产品使用寿命。产品的生命周期包括生产、消费、废弃。但在很多情况下，产品生命周期的完结并不是因为自身的损坏，而是因为相对消费者而言，它的使用周期已经完结。例如一些婴儿产品，使用者的年龄大于该产品的适用范围后，也就意味着该产品的生命周期的截止，但对于产品本身而言，它可能并未损坏，仍然可以使用。因此，绿色设计就是针对这类情况，在不影响产品本身功能的情况下，合理地延长它的使用寿命，从而减少生产成本，避免不必要的浪费。

例如，现在的婴儿家具设计。现如今，婴幼儿产品有很多，但这些产品的使用寿命相对短暂，造成了很大的资源浪费。将一些常用的婴儿产品进行结合，延长使用寿命，可以减少资源浪费，达到可持续发展的效果。我们设计的婴儿床，可以一物多用，不仅适合婴儿躺卧，也适合婴儿坐乘、游戏。它将不同的配件以同心圆的形式进行旋转变换，这样，一个婴儿床可以不断变化造型以适应不同的需求。不仅使家长节省了开支，而且使孩子们在成长过程中与婴儿床建立了深厚的感情，还在潜移默化中培养了孩子懂得节约的好品质。

③合理节省空间。随着人口的过度膨胀，尤其是土地资源的浪费，导致很多地区人均土地使用面积越来越小，在寸土寸金的情况下，人们对于产品自身的体积、使用时所占用的范围资源等有了越来越严格的要求。因此，产品如何能在满足消费者使用需求的情况下又能达到节省空间的效果，也是绿色环保设计理念的一个方面。

④和谐自然。绿色环保设计实现了产品的环保功能，使得产品在自身环保、满足消费者需求的基础上，与其他生物、自然环境共同和谐地发展，保证周边环境与能量流动的正常循环，保持一个稳定平衡的生态环境。

相对于自行车来说，电动自行车是个新鲜事物。尤其是在"禁摩令"颁布后，电动自行车以其体型小、速度快的特点逐渐成为我国交通运输的生力军，并且数量日益增长。电动自行车目前主要使用铅酸蓄电池作为核心动力源，这种蓄电池会排放出重金属铅和电解质溶液，对土壤、水源、空气等产生污染。如果这种电池使用量增大，不仅会严重破坏生态平衡，还会引发人体代谢、生殖及神经等方面的疾病，甚至导致死亡。因此，科学家目前正在着手研制无污染、低能耗的电动自行车。

三、产品的系列化设计

产品的系列化，是指将产品的性能指标和主要参数（例如色彩、造型、材质等方面）适当地加以归纳和简化，通过一定规律合理的安排，使产品的品种、规格形成系列，满足生产和使用技术的要求。

系列化产品的特点包括：系列化产品之间具有一定的因果关系以及依存关系，系列化产品中的每个产品均具备自身独立的功能，它们以一些细节的表现相统一；系列化产品通过不同功能的组合与匹配，能够产生更加强大的功能。

产品的系列化设计的作用表现在以下几个方面。

①能够满足日益变化的市场的需要。随着市场的全球化发展，人们生活水平的提高、生活方式的改变，生活质量等方面的要求日益明显。对于时尚的追求、产品新造型的推崇，体现了关注差异化、摒弃千人一面的时代要求。产品的系列化设计可以很好地满足这一要求。在一款受市场关注的产品推出并引起广泛关注后，企业可以在短期内发布一系列相关产品，进而满足更多的消费者的需求。

②有助于塑造企业形象，提升企业知名度。所谓"独木不成林"，相对于单一产品来说，系列化的产品无论在数量上，还是在展示效果上，以及对消费者视觉和心理的冲击上，都有很大的影响。产品通过系列化的功能、造型、色彩等的传递，在各方面加深生产企业在消费者心目中的形象，更好地提升企业知名度。例如，西门子电器的口号是"灵感点亮生活"，西门子旗下不同类别的产品包括家用电器、通信产品、医疗用品等，给消费者带来的体验都是一样的，那就是功能强大、外观严谨、质量保证、服务保障。

③有利于降低成本，便于管理。系列化的产品从产品开发的初期到产品生产的后期，在设计标准上都是互通的。通常人们把相互关联的成组、成套的产品称为系列产品。如果追溯系列化设计的源头，20世纪30年代通用汽车公司建立的全新的汽车设计模式——有计划的废止制度，可以说是我们现在所说的产品系列化设计的先驱。

系列化产品设计有三种形式。

①品牌化。就是说一个品牌里包含了很多种不同的产品，比如我国的海尔集团生产的产品覆盖了居室家电、厨房家电、影音产品、IT产品、通信设备、商用电器、医疗器械等领域。

②系列产品成套化。即由多个独立的产品组成一个套系的产品整体，如宜家的产品都可以成套搭配，能满足不同家居环境的要求，不同的生活用品在满足一种设计风格的情况下让一个家庭使用空间整体化，又不失单一产品的独立使用作用。

③产品单元系列化。即每个单元的产品之间相互联系，相互依存，比如母子电话机等。

四、产品的智能化设计

我们在回顾过去几千年人类的发展历史的时候会发现，人类社会的进步很大程度上依赖于基础设施的建设，生活用品的使用需求等都是社会发展不可缺少的基础。但是随着科学技术、互联网的高速发展，我们在不知不觉中已经进入了信息时代。

信息时代的智能化产品要有能够"思考"的能力，自行执行任务。比如伊莱克斯集团生产的三叶虫智能吸尘器，可以在家具空间中自由穿梭打扫卫生，它使用超声波自动探测需要清洁的目标，如同蝙蝠夜行的方式，沿着房间的周界进行记忆、扫描和吸尘，遇到障碍物时，会实时计算新的路线，直至将整个房间清洁干净为止。当电池快要用尽时，它会自动返回充电座。使用者可以随时控制产品。

　　智能化产品的设计观念已经超越了空间的束缚，使人和产品进行积极的交流，形成了人和产品的沟通、互动。

第二章 产品设计要素解析

产品设计是物品实体的创造。对宜人的色彩和造型形态，先进的工艺、环保的材质，产品表现出的新功能、人本性，新型流行趋势的设计观念等产品设计要素的熟练掌握和合理运用，是产品设计者着手产品设计的基点。本章从功能要素、结构要素、形态要素、材料要素、色彩要素、人为要素六个方面对产品设计要素进行解析。主要内容包括：产品的功能、产品功能设计的实现、产品结构的多重含义等方面。

第一节 功能要素

一、产品的功能

（一）产品的使用功能与审美功能

产品的使用功能，是指产品具有一定的特殊用途，主要体现在产品的使用目的上。产品的使用功能与生产技术、产品用途有着直接的关系。

审美功能主要是指商品本身能够为消费者的审美活动创造美感。审美功能对产品的作用愈发明显，人们对使用产品时的感性需求逐渐增加。例如，人们对衣服不再只要求其遮体保暖、舒适合身即可，对衣服的颜色、款式提出了更高的要求；对吃饭的要求也一样，不再像远古时候那样吃饱了就行，而是朝着更美味、更营养的道路上前进，对色、香、味提出了更高的要求。

著名心理学家马斯洛发现，从生物学角度来看，美丽对于人来说就像身体需要钙一样，美丽可以使人变得更加健康。工艺美术运动创始人、英国杰出设计师莫里斯曾说道："不要在家里放一件你认为有用、但并不美的东西。"产品设计在注重使用功能的同时更要注意产品美的传达。在产品设计中，产品的

25

功用性与美的艺术形态同等重要。

在现代设计运动中，法国南锡的新艺术运动主将——埃米尔·盖勒在《根据自然设计家具》一书中认为，自然是设计师的灵感，不论是什么样的产品，都应该以产品的功能为出发点。该书指出了现代产品设计的重点所在，强调了功能与审美相互结合。例如，一些新艺术风格的家具，其所设计的流动形态与蜿蜒交织的线条就像是自然界中的草木，充满了生机，这样的设计风格体现了运动与自然，表达了生命无休止的创造过程，使用功能和审美功能的完美结合赋予现代家具无上的生命之美。

产品的使用功能是十分重要的方面。产品形态与自然存在的物品形态略有不同。产品的主要意义是为人们提供便捷，为了满足人们的日常生活需求，产品的形态必须要符合人们实际操作与使用的要求。

因此，产品的使用功能是决定产品形态的主要因素。例如电冰箱，由于有冷藏食品的功能及放置压缩机和制冷系统的要求，其形态绝不会设计成洗衣机那样。再如，一些必须用手操作的产品，其把手或手握部分必须符合人用手操作的要求，其形态也必然和人的手有密切的关系。

当今社会人们最关注的便是审美，随着社会的不断发展，人们对于审美的要求也越来越高。由于每个消费者的文化水平、职业、年龄、性别、爱好都有着不同的特点，所以必然会有很大的审美差异。因此，在设计产品的过程中，即使产品的使用功能单一，也要使形态设计多样化，利用产品的特点表达产品的不同审美特征以及价值取向，使使用者在内心情感上与产品取得一致和共鸣。

（二）产品的主要功能和附属功能

产品存在的基础是产品的主要功能，是产品生产出来的直接目的。对于消费者来说，如果一个产品没有必要的使用功能，那么也就失去了购买的意义。

产品的附属功能是在其主要功能实现后附带的一些其他功能。例如，Vitality 公司推出的智能型药罐 GlowCap，它的体积大小与普通的塑料药瓶看上去没有什么较大差别，但是其瓶盖暗藏玄机。其瓶盖内部安装了计时与提醒装置，它的表现比私人秘书还要尽责，通过闪烁黄光或语音来电来提醒吃药的时间。药瓶的基本功能是装药，闪烁光和语音来电提示功能是为完成主要功能而设计的，从使用过程中发现的问题和实际需求出发，这样的设计很人性化，尤其适合长期依赖药物的老人使用。

再如，日本松下电器工业株式会社 1997 年生产制造的老年人坐式淋浴器。这款淋浴器的主要功能是淋浴洗澡，附属功能是让老人体验到舒适的坐浴方式，以及实现特殊群体在使用产品时的安全性功能。对于老人来说,洗浴不是一件很方便的事,而这款老年人坐式淋浴器的体积也不是很大,即使在非常狭小的浴室内也能够安装。为了让老人全身各处都能够得到淋浴,这种淋浴器有六个喷头安装在了座位两侧的臂架上,还有四个喷头安装在靠背处,这样老人的前身与后背都能够得到有效的淋浴。不仅如此,每一个喷头都可以自由活动,座位的高度也可以自由调节,方便了不同身高的使用者。另一边还有监视设备可供家人随时观察老人是否安全。这款淋浴器功能上和设计上充分考虑了老年人和部分特殊人的需要,主要功能和附属功能搭配合理,较为人性化。

(三)产品的不足与过剩功能现象

功能不足是指产品的功能并没有达到预期想象的结果。造成这种原因的状况有很多,如可能因材料运用不合理而造成的承重不够、强度不够、耐用性不够等,或因结构不合理而不能达到预期的目标等。

产品功能过剩是指其自身带有的一些功能超出了使用者的需求。这里可以将过剩分为两种——功能内容过剩与功能水平过剩。功能内容过剩是指过剩功能内容过剩指附属功能多余或使用率不高而成为不必要的功能。我们生活中有时会听到有些人发出这样的感慨:产品用坏了准备要更换时,却发现其中有些功能从来就没用过。这意味着对于某些使用群体来说,这些附属功能是没必要的。功能水平过剩是指为实现必要功能的目的,在安全性、可靠性、耐用性等方面采用了过高的指标,这样会在很大程度上提高生产的成本,甚至造成不必要的浪费。因此,在产品设计前进行产品功能分析,会让我们的设计针对性更强,可行性更高。

(四)功能是产品的核心要素

产品是人带有目的性的产物,功能是其被生产出来的最直接理由。例如,扫把,扫地便是它存在的意义;吸尘器,吸尘便是它存在的意义;储存电量,这便是电池存在的意义。

产品只是功能的载体。消费者通过产品来获得功能,满足自身的需求,这是人们生产、消费的主要目的。

吸尘器的主要功能是用来吸除尘土。当尘土被清洁后,环境得到了改善,这便是人们购买吸尘器的原因。而如果机器并不能提供吸尘的功能的话,它也就不是吸尘器了。完成功能,达到帮助使用者解决问题的目的,是产品承担的首要责任;被赋予特定的功能,能够达到消费群体的消费目的,产品才有可能被生产和销售。

以家具来说，不管什么样的家具，首先它必须是实用的器物，椅、桌、柜、架都各有其独有的用途。一把椅子，只有能坐，它才是家具产品。从这点来说，功能是检验产品价值、决定产品属性的核心要素。

"机器椅子"看似是很平常的椅子，但是坐不了人。然后你会听到"砰"的一声，椅子随后就会自动解体，散落在地板上。然后，在电子摄像头的帮助下，散开的各部件慢慢地找到其他部件，并重新进行组装。这样的"椅子"，早已经脱离了工业产品的范畴，设计它的目的不是提供使用，而是向人们展示技术和艺术的力量——这是一件典型的艺术展示品，而不是家具产品。

产品作为物质存在，除了必须搭载的功能之外，还需要具备其他因素。

①产品的外观要美观，能够吸引消费者的眼光，体现一定的品位。

②产品的生产受到社会生产力的影响以及材料运用水平的限制。无论产品的设计方案多么完美，如果无法将其生产出来，也是徒劳。这就是技术因素对于产品的重要性。

比如，Inventables 公司设计的透明多士炉，其功能设计新颖，形态很震撼。但是，目前的技术还不能让玻璃达到烘焙面包所需的温度，因此，这一设计还不能被生产出来。又如，在电影《我，机器人》中，奥迪概念跑车 RSQ 是一款没有轮子、能够张开双翼的概念跑车，这显然给人们带来对未来汽车发展的无限想象，但在一定时间内，它也只能以概念的形式存在。

另外，产品以商品的形式进入市场后，能否取得良好的经济效益是决定其命运的关键。如何降低成本，扩大市场，提高市场竞争力等经济因素也会间接或直接地作用于产品。同时，产品的设计还会受到市场上反响强烈的产品的影响。例如，苹果 iPad 播放器推出后，在市场上取得了极大的效益。随后，各类MP3、U 盘等功能相近的电子产品，或是家具、微波炉、空调等功能差别巨大的产品，都企图在外观上向 iPad 靠近。又如，"美的"空调曾经设计的一款带有换气功能，以健康为销售理念的空调产品，一经推出市场，就形成了以健康为风尚的行业趋势，使得众多的企业在产品上也注入了换气等健康元素的设计。

还有，随着自然环境的日益被破坏，人与自然之间的关系也日益紧张。很多能耗大、生命周期短、不可回收或不能循环使用的产品，给环境造成了巨大的污染。因此，环保要素已成为产品设计开发过程中不可忽视的环节。设计者在产品设计过程中要促进新型环保技术的推广与材质的应用，还要注意运用绿色设计理念，包括将老旧的"末端治理技术"转变为"可循环回收技术"。

二、产品功能设计的实现

（一）功能设计和谐性原则

为一件物品赋予一定的能力，这一过程就是功能设计。在这一过程中，主要有两个方面的问题需要解决。

①结构原理。

②内在功能与外在形式是否兼容。

这两个问题分别由不同领域的设计师进行设计。一个物品不论是它的外在形式或者内在结构，都属于功能的载体，是一个有机整体。

工业设计师除了具备合作意识，还应有交流、沟通的手段和技能。具备二维、三维形象表达能力，善于用图形、图表等多种视觉形式传送信息。

（二）功能设置合理性原则

所谓的合理性指按使用需求分清必要功能和不必要功能，突出主要功能，合理搭配附属功能，过多的功能可能会适得其反给人们带来不便。物品的功能要坚持合理设计、适度的原则，过于复杂、宽松的功能设计不仅在制造上有一定的困难，还会相应地增加成本。此外，在物品的保养、清洁上也会给人带来不便。

例如，在整体卫浴的设计中，我们常常可以听到一些行业内人士开玩笑说"马桶可以养鱼""浴缸可以打电话""淋浴室可以按摩"等。从这些玩笑话中可以反映出当代卫浴产品正在朝多功能化发展，并且成为人们茶余饭后的话题。

根据一些调查可知，目前很多企业热衷于将产品设计多功能化，但是其最终销售量并不理想。理论上，一件产品的附属功能是可以无限增加的，当增多到一定程度时，不但会增加成本，还会起到其他的负面作用，合理设置功能结构是产品功能设计成功的关键。多功能卫浴产品看的人多、买的人少，销售情况不理想的原因主要有以下两点。

①国内家居浴室面积较小，而多功能卫浴产品体积偏大，只能面向一些高端客户，而其他类人群则望而却步。

②普通家庭对于高价位的奢侈品有些畏惧，在消费习惯、消费心理上都有待提升。

除了这些，消费者还对质量、耗能、安全方面都存在一定的顾虑，这也是影响消费者购买欲望的因素。

29

在功能设置合理而又不增加多少成本的条件下，也有些不错的产品设计。如丹麦家具中的衣架、多功能刀具、具有高性能和便捷特点的笔记本电脑、具有多种复合功能和方便折叠的家居用品等。

第二节 结构要素

一、产品结构的多重含义

产品中各种材料依据一定的使用功能相互连接和作用的方式称为结构。结构是产品的主干，是实现功能的基本保障。结构形态取决于造型、使用功能、材料的特点和加工工艺的可能性。

产品的结构可分为两部分——核心结构与外部结构。

核心结构是一个产品的精髓和灵魂，具备产品的主要功能。核心结构往往涉及复杂的技术问题。通常这种技术很强的核心功能部件是要进行专业化生产的，生产的厂家或部门提供各种型号的系列产品部件，产品结构设计就是将其部件作为核心的结构，再根据产品的核心结构为其量身定做外部结构，从而使产品达到一定的功能性，这样就组成了一件完整的产品。核心结构是不可见的，对于消费者来说，核心结构并不是功能实现者，它只是一个暗箱，所以产品设计师一般通过外部结构使用户产生对产品的好感，达到销售目的。

外部结构主要是为了适应核心结构而设计的，不影响核心结构的使用功能。例如电话、冰箱、吸尘器等，不论其款式如何变化，它们的主要功能都不会改变。外部结构主要就是为了承担核心功能，其结构形式跟产品效用有着直接的关系。一些容器类产品，例如家具等，其外在结构需要与使用者进行直接接触，它是外观造型的直接反映。因此在外部结构的尺寸上、体积上都必须要与使用者相适应。例如：椅子的高度、靠背的角度影响着椅子的舒适感；储存类家具适当合理的体积与容积，方便了使用者使用。这种外部结构在一定程度上承担了核心使用功能，同时还给使用者以美感。

二、把握产品结构设计要点

（一）正确处理结构与功能

结构作为功能的载体，其具体形态主要是根据产品的功能、目的、材料来设计确定的。产品的结构是功能实现的基础，而功能的拓展则需要产品结构的创新。同一种功能，经过设计师设计，可以通过不同的结构和技术方式来呈现。

在实际生活中，我们常常会看到市场上突然多了一种崭新的产品，新型的外观极大地刺激着消费者的购买欲望。如法国设计师设计的"染色体"餐桌，一改人们习惯中桌子的结构，三个桌腿的顶端装有磁铁，与粘在玻璃面上的铁盘吸附固定，看上去结构很复杂的桌腿，沿着两个轴承旋转，桌腿便可以折叠起来，桌腿与玻璃桌面可以悬挂于墙上，既节省了空间又起到装饰墙面的作用。可见产品的结构创新不仅能为产品创造出一种新的视觉效果，同时还能改善产品的使用功能，提高使用效率，使产品的各部分接合更科学、更合理。

（二）在结构设计中彰显细节

对于工业产品而言，产品本身的结构形式不但有助于其实用功能的发挥，而且从细节结构中传达出产品的人性化关怀和设计理念。例如，日本索尼公司设计的"Walkman"在内部结构上必须能符合微型收录机的电声技术要求，同时在外部结构上也能满足携带方便及当今青少年在使用特点上的要求。因此，它所形成的产品形态特点必然和产品结构有不可分割的内在联系。其结构的科学性与合理性同样体现出当代的科技成果及现代人们对新的生活方式的追求。

第三节　形态要素

一、感触形态

当今社会经济发展迅速，人们的物质生活丰富，产品的形态也成为产品的主要功能。好的产品形态能够刺激消费者的购买欲望，增强使用者的使用欲望。像苹果、飞利浦电器、索尼电子等都是很好的案例。反之，不美观的产品形态只会慢慢在市场竞争中失败，最终遭到淘汰。

产品形态通过图形、符号和一些表达产品意义的相关元素的排列、组合等构成方式来解释产品的意义，引导使用者正确有效地使用产品。

产品通过形态传递信息，使用者做出反应，在形态信息的引导下，正确使用产品。使用者是否能够感知设计者的意图，做出反应，取决于设计者对形态语言的运用和把握，设计者运用的形态语言不仅要传达这是什么、能做什么等反映产品属性的信息，还要让别人明白怎么做、不能怎么做、除了这样还能怎样等。形态利用人特有的感知力，通过类比、隐喻、象征等手法描述产品及产品相关事物。

二、产品形态的创新

对于工业设计专业的学生而言，怎样创新产品形态，通过"外表"让用户忽略内部规律和法则，凭借外在表达理解和判断物品，是更为重要的问题。要想获得产品形态创新，就要抓住形态创意的切入点。所谓抓住形态创意的切入点，就是在产品形态创意的过程中通过对产品的使用方式、基本功能、所选用的材料、结构、材质的表面处理以及色彩形态要素的分析和比较，选择其中某一形态要素作为突破点。

（一）产品使用方式与形态创新

产品诞生的主要目的是服务人类，因此每一个产品都包含着使用功能。为了满足人们的使用要求，使产品更好地服务人类，因此设计师在产品设计过程中要考虑以下几个方面。

①人们对产品的使用姿势。

②产品主要面向哪类人群。

③在什么情况下使用。

④使用的习惯如何，产品是否顺手。

⑤在使用过程中是否容易出错。

⑥使用者的感受与体验。

这些方面都是从产品的使用角度出发，考虑产品的功能形态。不同的产品设计方式必然会导致不同的产品设计形态的产生，因此对产品的使用方式的创新是获得产品意志的一个重要切入点。

（二）产品材料与形态创新

任何物质都离不开材料，产品也不例外。材料是组成产品的根本，也是形态的基础。不同的材料有着不同的视觉感受。在生活中我们也可以感受到，具有相同功能、相同外形结构的产品，由于其所使用材料的不同，给我们留下的印象也有所不同。另外，不同的材料其加工方式也不尽相同，不同的技术工艺也对产品的形态视觉有着一定的影响。

（三）产品结构与形态创新

1. 简洁性原则

（1）具有吸引力

根据以往的一些心理实验可以得知，人们在感知立体形态时，对形态简洁的物质总是有着很强的注意力。在人的直觉中总是存在着一种"简化"的倾向，这里的"简化"并不是指物体中包含的成分少或成分与成分之间的关系简单，而是一种以尽可能简单的机构组织起来的倾向。

（2）具有时代性

从产品的形态发展趋势来看，产品正朝着愈发简洁的方向发展。过去，复杂的电话形态，体积偏大不说，拨号方式也很烦琐。随着科技发展，电话逐渐向小巧方向发展。从这个例子上我们就可以感受到这一点。

（3）具有美感

在现实生活中我们不难看出，含有一定规律的形态都具有美感。如一些简洁的几何形态或具有黄金比例的矩形等，相对于一些无规律可循和杂乱复杂的形态，这些几何形态的共同特点是具有简洁性。

2. 整体性原则

"整体意象优先"是形态感知过程中的原则。视觉前期所感知的形态是整体的而不是视觉形态的细部，它发生在视觉感知形态的最早阶段，相对于后续的注意力阶段，它具有"整体意象优先"原则。我们意识到，形态的整体性在人们的视觉过程中十分重要，因为它在人们感觉形态时优先起作用。反过来讲，一个形态只有当它的整体感觉具有吸引力时，人们才能被它所吸引并发生对其细致观察的视觉活动。

整体性的产品形态应具有以下几个方面的特点。

①整体形态简洁、明确，且富有个性化，能够给人较深的印象。

②产品形态在细节上更加丰富，各部分细微的变化均与其内在有一定的联系，能够形成视觉上的统一。

③产品给人的第一印象不是具体的某一细节，而是产品的整体特征。

3. 企业产品品牌意象的有效传承性

在产品形态上，如果产品的新设计与原外观并没有多大区别，这样是不可取的，但是，如果将其设计得太过陌生，也会面临着很大的市场竞争风险。一些成功的案例表明，在产品形态的创新时，若是保留一些旧有产品的视觉印象，就可以更好地保持消费者对产品的信赖程度，促进其购买欲望。因此，在产品形态设计中如何正确地传递先期产品中对消费者具有影响力的因素是一条重要的设计原则。

三、形态设计四要素

（一）点

在几何学里，点被定义为没有长、宽、高而只有位置信息的几何图形，也指两条线的相交处或线段的两个端点。点元素是形态设计中基础的元素，也是形态中的最小单位。造型设计中的点具有一定的形体，相对小单位的线或小直径的球，都被认为是最典型的点。点不仅只是圆形的点，也可以是方形的或异形的。点可以作为透气的孔、滤网、按键、装饰风格等。

（二）线

线，在几何学定义中指的是一个点任意移动所构成的图形，其性质并无粗细的概念，只有长短的变化。在平面设计中，线是表现所有图案应有形状、宽度以及相对位置的手段；在产品设计里，线是构成立体形态的基础；在立体形态中，线要么表现为相对细长的立体，要么表现为面与面之间的相切线，所以又被称为轮廓线。线是最易表达动感的造型元素。线在形态中有两种存在形式：一是直线，二是曲线。

直线是一种相对安静的造型元素，可给人以稳定、平和、单纯、简朴等感觉。而且以直线造型为主的产品，能够很容易地表现出简单、硬朗的感觉。

从方向感来看，直线的变化主要有四种形式。

①水平线。

②垂直线。

③对角线。

④折线。

相比直线的干脆利落，曲线所能表达出来的造型更容易让人感受到曼妙、动态，应用主要面向女性消费者或者是强调浪漫的私密性场所。曲线主要分为两种。

①几何曲线。几何曲线更为规整有序，能表现出一定的规律性。

②自由曲线。自由曲线更为自然，能够演示出很强的自然生命力的感觉。

（三）面

面，是指线在移动后形成的轨迹集合，是一种仅有长和宽两种维度、没有厚度的二维形状。在产品的形态设计过程中，面表现为长和宽构成的视觉界面，即使有厚度，在一般情况下也大致可以忽略。

从复杂程度来说，面的变化主要有两种形式。

①简单的面，体现极简的特点，给人以清爽的感受。

②极富曲率的面，给人以亲和、柔美的感觉。

按照形成因素的不同，面可以分为两种表现形式。

①几何面。主要表现形式为圆形面、四边形面、三角形面、有机形面、直线面与曲面等。

②非几何面。包括徒手绘制的不规则面和偶然受力情况下形成的面等。

（四）体

体，也称为立体，是以平面为单元形态运动后产生的轨迹。体在三维空间中表现为长、宽、高。

体的构成，既可以通过面的运动形成，也可以借由面的围合形成。不同于点、线、面三种仅限于一维或二维的视觉体验，体是唯一可以诉诸触觉来感知其客观存在的形态类型。

第四节　材料要素

一、魅力材料

（一）材料自然属性的魅力

大自然中充满各种产品材料，每一种材料都有独特的个性和语素。通过设计师的驾驭，艺术创作获得灵性，展现出材料动人的魅力。如木质产品及纹理，清闲恬静；各类金属制品坚固深沉、锐利；塑料产品光洁、致密；布纤维制品柔软、舒适等。

在人类长期的造物史中，新材质、新科技的发明运用往往会成为产品设计创新的契机，使设计的水平产生一个飞跃。在现代化产品设计中，大胆地采用新型工业造型材料和先进工艺，能够在产品的质量、性能、外观等方面，都给人与众不同的美感。材质美感设计正日益受到设计师与消费者的青睐，以满足人类日益增长的物质生活和精神文化的需求。

有人认为对材料运用的熟练程度是衡量一个设计师成熟与否的标准，也是衡量一件产品是否具备内涵的标准之一。我们暂不去评论这种观点准确与否，但这至少说明了材质的合理运用在产品设计中的重要地位。一种好的设计需要好的材质来渲染，诱使人去想象和体味，让人心领神会而怦然心动。

中国传统建筑以土、木料为原材料，西欧一些国家的居民至今仍在木屋居住，选择这样的居住方式除受到经济发展水平和地理环境因素等影响制约之外，更重要的是因为土、木料的亲和性和生命感，让人有亲近自然的感觉。同样，古人愿意把石料用于建筑中，石质材质的这种真实永久性，寓意了可以让死者永垂不朽。这是我国帝王将相、达官贵人祖祖辈辈延传下来的习俗。分布于华夏大地，历经上千年保存至今的大量宗教尤其是佛教摩崖造像、石窟造像，其崇高的文物价值更是通过石质材质这种特殊的载体得以留存，使我们至今能感受到先人的才智和高度的艺术创造力。可以说这种材质本身就构成了古迹的壮美。同样，我们可以考证西方的造物史中嗜好用巨石建筑房屋、庙堂，也是由于石料质硬量重、体量大、稳固、耐用，留存时间较长。正如乔治·桑塔耶纳在他的《美感》中所说的："假如雅典的巴特农神庙不是大理石……将是平淡无奇的东西。"从某种意义上讲，正是材料的自然属性承载了艺术形态传承文化的重要价值。

自然质感的产品大多具有天然性和真实性，因此设计师应在产品设计时明确设计目的，按功能的要求选取合理的材料，使物尽其用。

（二）材料社会属性的魅力

新材料的开发与运用往往与时代的进步、科技的发展是同步的，材料和工艺的革新有时会引起设计概念和风格的革新。20世纪初，由包豪斯所倡导的现代工业设计就是把钢材和玻璃等新材料、新技术运用到产品设计中，震撼了产品设计史。运用新材料、新技术设计制造的产品成为时尚的代名词，其鲜明的时代特征备受广大的消费者青睐，创造出良好的商业效益。

苹果公司 iMac 电脑机箱的半透明塑料材质曾一度风靡全球，让濒临倒闭的苹果公司起死回生，并且创下史无前例的良好销售业绩。这种经过处理后的材质传递给我们的是产品的现代时尚感，配上各种亮丽的色彩，让人感觉轻松、可爱。我们不得不佩服设计师的奇思妙想，让塑料制品这种让人感觉廉价的材料，也能显示出高雅的质感，成为一种时尚。

在设计过程中，材料除了自身固有的一些特征之外，大部分特征都可以通过人为的表面处理方式改变，如产品的色彩、光泽、质地等，从而提高产品的审美功能，增加产品的价值。

如我们使用的手机、相机、耳机、各种灯具等产品中的很多部件均为塑料材质，经过表面镀覆工艺——电镀金属涂层，达到改变固有材料表面的颜色、肌理及硬度的效果，使材料耐腐蚀，耐磨，具有装饰性和电、磁、光学性能。经过这一系列的表层处理工艺，材料体现出丰富多彩的变化，能够替代其他材质，从而减少不必要的浪费，降低了某些昂贵材料的生产成本。良好的人为质感设计可以替代和弥补自然质感，既节约了珍贵的自然资源，同时又获得大方美观的外观效果，给人美的感受，为产品带来更高的附加值，体现了产品设计中运用含高科技、先进工艺的材质所产生的积极的时代意义和社会效益。

二、产品设计材料的特点

（一）材料及其工艺性

每一件产品都具有一定的形状与结构特征，这些特征是通过对材料的加工形成的。材料经过加工成为产品，并表达出设计师所想要表达的思想。

设计材料必须具备在一定温度和一定压力下可对其进行成型加工，并制成某种形状的能力。容易加工成型是设计材料的最佳选择条件之一，也是衡量设计材料好坏的重要因素。

不同的材料其加工的工序也有所不用。成型加工过程会影响混合程度、颗粒大小和分布、结晶能力、结晶形态、结晶的性能和取向程度等，从而影响制品的最终性能。所以，通过成型加工可以赋予制品一定的形状，也可以赋予制品所需的性能。

产品所选用的材料应该能有经受自然环境因素的影响以及周围破坏的功能，不因为一些外界因素的影响而发生物理或是化学上的变化，从而引起材料内部构造的改变而导致腐朽破坏。因此，充分了解材料本身所特有的特征，合理使用和保护材料是设计中应注意的问题。

（二）材料的感性特征

形态感、色彩感和材质感是构成产品形态设计的三大基本感觉要素。相对于形态感和色彩感来说，材质感更具有除视觉以外的触觉感受，是产品设计表现的另一个角度。材质感包括两个不同层次的概念。

①肌理感。由物面的几何细部特征造成的形式要素。

②质地感。由物面的理化类别特征造成的内容要素。

另外，材料同时具有两个基本属性。

①生理的属性。即材料表面作用于人的触觉和视觉系统的刺激性信息。例如，坚硬与柔软、粗犷与细腻、温暖与寒冷、粗糙与光滑、干燥与湿润等。

②物理的属性。即材料表面传达给人知觉系统的意义信息，也就是物体材质的类别、价值、性质、机能、功能等。

触觉材质感与材料表面组织构造的表现方式密切相关，是使用者所产生不用触觉感受的主要原因。不仅如此，材料自身的硬度、密度、温度、黏度、湿度等物理属性也都是触觉感受变化的原因。

与人的触觉感官不同的是，人的视觉感官具有一定的间接性。因为材料的触觉是更加直接的，所以对于已经熟悉的材料，可以根据以往的触觉经验或视觉印象判断该材料的材质，从而形成材料的视觉材质感。因此，视觉材质感相对于触觉材质感具有间接性、经验性、知觉性和遥测性。根据这一特点，可以用各种工艺手段，以近乎乱真的视觉材质感达到触觉材质感的错觉。

例如，在工程塑料上烫印铝箔呈现金属质感，在陶瓷上镀上一层金属，在纸上绘制木纹等。在视觉中造成触觉材质感的假象，这在产品设计中应用较为普遍。

三、材料开发与应用

（一）提高产品设计的适用性

良好的材质运用可以提高产品整体设计的适用性。如软质材料给人柔软的触感和舒服的心理感受。

（二）塑造产品的个性品位

良好的材质运用是能够体现产品个性的重要因素，同时也是实现良好产品质感的主要前提，更能够体现产品设计的工艺美与技术美。通过材质设计传达出产品的技术、文化、人性等信息，体现出产品的精神意境、价值感和消费对象的地位，实现从材料质感到产品意境的飞跃。

（三）实现产品的多样性和经济性

产品设计既是一门视觉艺术，同时又是空间艺术。物质材料作为媒介对产品设计既有制约作用又有支撑作用，虽然现代科技可以在一定程度上改造材质，但很多情况下，一定的材质只适用于一定的产品造型，如果用材不当，哪怕艺术形象再好，也觉得别扭，甚至会造成设计上的失误。例如，铁锤是用来砸东西的，它是用生铁铸造而成的，铁质量重，比重、硬度都相对较大，如果将锤头的材料换成塑料电镀的或是毛线织的，这样的锤子砸下去会是什么效果呢？

在实际生活中，如果将一些材料偷梁换柱，形成"金玉其外，败絮其中"的产品，这样的设计后果将不堪设想。这也告诉我们更多的时候要从实际出发，考虑其合理适用性，对材料认真地选择利用，发挥它与特定造型相适应的质地特性和表现力。各种材料都有其自身的结构美感要素，产品结构的美感要素往往来源于对这些材料的合理加工与使用。因此我们要因材制宜，因材施艺，使材质运用与产品的形态、功能、色彩、工作环境相匹配、相得益彰。

第五节　色彩要素

一、色彩设计的概念

20世纪初期，艺术设计学科开始萌芽。经过大半个世纪的不断探索，已经形成了一套完整、系统的教学体系。工业设计是随着机械化大批量生产和科学技术的不断进步而产生的，它要求设计师从美的角度，运用造型原理和造型规则，综合考虑产品的各个环节和层面，包括设计开发、制造生产、销售使用及回收处理等，使设计的结果表现出科学性、实用性和艺术性，最终满足人的需求。因此，色彩作为产品的要素之一，也同样需要考虑上述的各个环节和层面。

二、产品设计中色彩的运用

（一）以人为中心的产品色彩设计

以人为主是产品色彩的中心，共性与个性、普遍与多样的设计思维是其根本原则。长久以来，我们常见的办公桌椅颜色大多为灰色、黑灰色，而孩子们用的桌椅则显得更加活泼、绚丽多彩，这就是色彩设计以人为本的体现。

（二）产品色彩符合美学法则

"简洁就是美"既要求产品形体结构简单、利落，又要求产品色彩单纯、明朗。单纯明朗的色彩，有一定的主色调，达到对比与调和等审美要求，并且符合时代审美需求。设计者应根据不同产品的功能、使用环境、用户要求以及颜色的功能作用等进行设计。

三、色彩在产品设计中的表现原则

（一）产品色彩与产品功能相结合

产品与色彩之间存在联系，突出和加强这种内在联系，是把握色彩主调的关键。加之色彩具有一定的功能性和个性，当色彩与具体产品结合时，便能表现不同的内在联系和倾向性。如医学用的显微镜属于轻型精密的产品，宜用浅而沉静的色调，以表现精密和轻巧的功能特性。而大型产品，宜用较深和沉重的色调，以表现重型产品稳重和有力的功能特性，如跑步机。在同一件产品上，不同的色彩可以用来划分产品的功能，以便用户更好地进行识别，同时还可以吸引人的注意力。国家标准中对色彩使用和含义也有明确规定，比如手机的键盘字符色彩，绿色代表接通，红色代表挂断，对用户起到一个引导作用。

（二）产品色彩设计要注重特点与时代结合

产品的色彩设计，特别是色调的选择，既要新颖美观，符合时代的审美要求，又不能过分追求刺目艳丽，而失去产品的功能特征。只有自然的和谐美，才能给人们愉悦、生动、柔和的感受。如数码产品 MP3，有的色彩清爽柔和，带点金属亮度，具有时尚感；有的色彩就比较炫丽，充满青春活力。

苹果公司出品的 iPod shuffle，主体由一块铝金属精密打造，光滑、精致的电镀铝金属外形，不仅手感坚实，而且经久耐用。更重要的是，多变的颜色异彩纷呈，使它成为绝好的时尚配饰，深受广大"果粉"的喜爱。

（三）产品色彩设计要保证特点与表现力和谐

产品外观的表现力，应使色彩搭配与产品的形态、结构和功能要求达到和谐统一，这是配色成功的重要标志。根据产品功能与形体的差别，设计时应当按其种类、用途、大小分别选择不同的色彩方案。

　　飞利浦为突出剃须刀的线条，会为产品增加一些色带，用不同的色带对产品整体进行分割，使产品具有时尚感。飞利浦为爱美女士设计的美容脱毛器，每一款都小巧可人，令人爱不释手，同时产品淡雅的外观不仅吸引视线，而且也经得起女士挑剔的眼光，在产品表面增加一些柔和色块，或者是色彩渐变，更体现出女性的柔美。

　　儿童产品一般会有多个高纯度、高明度的色彩搭配，目的是引起儿童的注意，增加产品的亲和力。而一些化妆品、高档礼品和医药用品，其产品包装多采用温和的色调。低纯度和对比弱的色彩，能给人以浪漫、自然、温和、雅致、庄重和高贵感，增强了产品的功能诉求。这些不同色彩的选用，都与产品的功能特点和外观表现力密切相关。所以色彩设计必须符合产品的功能特点，才能使产品产生强有力而丰富的外观表现力。

四、色彩设计中的环境影响原则

（一）静态环境

　　静态环境下的产品色彩单一，局部会有一些装饰色，面积很小。比如在医院中会要求安静，医疗设备一般都是白色的，有时为了不显得设备太单调，就会加一些小面积的其他色块，但也是柔和色彩，不会是刺眼的亮色。空中的飞行器等都属于静态环境下的产品，色彩也比较单一，多为冷色调的。而静态环境下的产品色彩也可以说是一种隐藏色，尤其对于体积大、占空间的产品，使用与环境色彩对比小或是与环境色相同的色彩，会让人觉得产品节省空间，使视觉空间扩大，不会产生拥挤的感觉。

（二）动态环境

　　动态环境下的产品色彩多样化明显。因为动态环境下是要促进人们交流、运动的，使人们的心理处于活跃、放松的状态，如果用太压抑的色彩会影响人们的心情。比如摩托车、赛车等交通工具，色彩运用比较丰富。丰富的色彩会让人有跃动感，有想要运动的欲望，而且明艳的色彩会让人心情顿时开朗。

第六节　人为要素

一、以人为核心的可用性原则

（一）产品形式存在的依据

产品设计中要考虑到人的生理、心理上的尺度，人的尺度是指人体各个部分的尺寸、比例、活动范围、用力大小等，它是协调人机系统中，人、机、环境之间关系的基础。人的尺度通常是基于人体测量的方式获得的，它是一个群体的概念，不同民族、地区、性别、年龄的群体的尺度不同。它也是一个动态的概念，不同时期同一类型的人的尺度也存在很大差异。

大多数情况下，人体尺度是产品形态存在的基本依据。

以捷克的工业设计师克瓦尔的剪刀设计为例进行分析。捷克的工业设计师克瓦尔1952年设计的剪刀在西方国家引发了一场剪刀变革。他研究工人的手部创伤、水肿的病案，采用一种试验的概念。用软泥灰包裹气钻、铁锤的把手，然后根据留下的痕迹设计新的手柄和把手。他的设计形态均为有机造型，极富人情味。克瓦尔的设计具有重要的史学意义，因为他的设计采用"试验的概念"来获得造型的依据，这从某种意义上说是一种准科学。

（二）人的产品的容错性设计

人有各种各样的生理上的局限。人的知识和记忆既不是非常精确，也谈不上可靠。人的操作受个性情绪的影响极大，它会导致人能力的剧烈变化，这时便出现了差错。差错可分为两类。

①错误。错误是有意识的行为，是由于人对所从事的任务估计不周或是决策不利所造成的出错行为。

②失误。失误是使用者的下意识的行为，是无意中出错的行为。例如，当你收到一条短信息时，本想要按"阅读"键，却无意按到"取消"阅读的键，当你正在全神贯注地思考一件事情时，忽然受到一个刺激，如被拍了一下，你可能会将正在想着的事情脱口而出，这是由于内在的意识和联想造成的失误。有时候倒完水也会顺手把水瓶盖盖在了旁边的杯子上，这也是一种失误。

差错无法避免，且又对作业产生极大的影响，为此我们应积极采取措施应对差错。从可用性角度出发的差错应对包括两个方面。

①差错发生前加以避免。

②及时觉察差错并加以矫正。

方法如下。

①提供局限，使错误的行为难以发生。

②提供明确说明。

③提示可能出现的差错。

④失误发生后能立刻察觉并且矫正。

（三）人的产品设计中的易视易学性和及时反馈

易视性是指与物品使用、性能相关的部件必须显而易见。反馈是指使用者的每个动作应该得到及时的、明显的回应。易学性是指学习的内容能迅速与原有的知识结构发生联系，并融入原有的语义网中。

易视性指产品设计中存在说明和差异，并且这种说明和差异变化可见。比如设计师出于美学上的考虑，将物品的某些部件隐藏起来或者将有提示作用的符号、部件和说明做得很小，从可用性角度而言这是不合适的做法。

人们的学习机制告诉我们，正确操作的关键之一是其行为结果有相应的反馈，确保用户了解个人操作的后果，及时调整操作，避免错误的行为。

产品设计就是努力使产品适合人使用，而不是让人去适应产品，因为人本身才是一切产品形式存在的依据。

二、产品功能源于人类需求

人类作为高级的生物体，其需求非常复杂，其行为方式也具有高智能的特点。心理学家马斯洛曾经把人类的需求分成五个层次加以讨论，这些不同层次的心理需求与人类的相应行为结合在一起，形成了各类产品的生产缘由。

在马斯洛的需求层次理论中，人类的生理需求和安全需求均处于金字塔的底层。维持生存、繁衍种族、希望能够受到保护，这些都是生物体的本能需求，是推动人类进行谋生行为的最强大的动力。炊具、农具、武器、房屋等，这些都是满足人类基本需求的人造物，也是人类生活的物质资料的重要组成部分：炊具、容器用来加工、存放食物；农具让耕作更为有效；各类武器则具有抵挡野兽或异族袭击的功能；而房屋为人类提供了一个相对封闭、隔离的空间，使人类的日常生活有了固定的模式，并提供了较为安全的心理感受。满足生理需求是最基本的行为动力，所以我们发现原始社会的大多数物质资料，都是类似的维持简单生存和生产的物品。而在现代社会，人们会消费、使用类似监视摄像头、报警系统等产品，也是为了提高自己与家庭成员的生命和财产受保护的程度。

在生理和安全需求得到一定的满足后，人类还具有爱和归属的需求，这基本上是情感性的需求。每个人的内心都希望被别人、被群体接纳、爱护、关注、鼓励及支持，需要友情、爱情和家庭。伴随着社会性活动的展开，相关的产品也层出不穷。我们知道，礼物可以帮助我们传递情感、珍藏记忆，同时我们还使用信件、电话等产品与他人进行联系，这些产品的功能背后都受人们对爱和归属的需求的驱动。

在情感需求的更高层次上，人类有获得尊重的需求。一个人希望在不同的情境中有实力、能胜任，也希望有地位，有威信，受到别人的尊重、信赖和高度评价。生活中我们处处可以看到，人们为了赢得别人的尊重，显示自己拥有被尊重的条件，往往会不计成本地消费各类奢侈品。而高级次的需求包括很多方面，比如，对美的需求，对学习的需求，对"知道"的需求，对"解决问题"的需求等。人类欣赏美好的事物，希望周遭事物有秩序，有结构，希望世界遵循自然和真理，以便人类能够理解并掌握世间事物变化的原因。面对客观世界，人类内心渴望实现个人的理想、抱负，最大限度发挥个人的能力，完成与自己的能力相称的一切事情，获得成功的高峰体验。出于自我实现的需求，人们才会有种种区别于动物本能的行为，如求学、研究、欣赏、创造等。

马斯洛需求层次的理论揭示了人类需求的多层次和多种类。因为人类有不同层次的需求，才会创造出负载着各种功能的产品。需求的多样化注定了产品世界的复杂、庞大、无止境，人类的需求就是物质世界的动力源。

产品的功能实际上就是人类自身需求的映射。人类的本能有延续性的特点，在功能需求方面从来都是一脉相承的，产品的结构和外形也不会有太大的变化，如勺子、水杯等。但更多的产品则会顺应社会的发展，跟随人类需求的改变发生相应的变化。例如，作为清洁用具的扫把和吸尘器之间的差别就非常大。满足各种不同的需求，提供各种不同的功能，是产品得以千变万化的基础。总之，人类需求的共性、社会性导致了功能的同一性，导致了产品的相对稳定性和延续性；而需求的多样化、个体化则揭示了功能的复杂性，成为促进产品设计创意和改进的巨大动力，也拓展了产品的功能范围。

产品的社会角色正在发生着变化，它已经不仅是日常生活中的用品，而成为能影响人们喜怒哀乐的具有生命感的物质载体。

第三章 产品设计与创新

随着科学技术的不断发展与创新，如今产品的更新换代速度大大加快，产品设计也要不断地与时俱进，满足消费者日益增长的需求，在产品设计中追求产品的创新，在产品创新中实现产品设计，增强产品的竞争力。本章分为产品设计与产品创新、产品创新设计的信息整合与流程、产品创新设计的类型和产品创新设计的意义四个部分。主要内容包括：产品设计的内涵，产品创新的内涵及其作用，产品创新设计的流程，改进型、创新型和概念型三种主要的产品创新设计的类型，产品创新设计对于社会、企业以及消费者的意义。

第一节 产品设计与产品创新

一、产品设计概述

（一）产品设计的内涵

产品设计注重设计对象——产品的设计，产品设计强调产品物理方面的功能、造型、结构等设计，也包含与产品本身相关的服务等的设计。综合起来，我们认为产品设计是为了满足消费者不同的需求而进行的一系列与产品的生产、销售、使用、回收等相关的富有创造性的产品开发活动。产品设计的内涵主要包括产品设计的本质、产品设计的形式和产品设计的延伸。

产品设计的本质是以产品为载体，在产品的生产方式、产品运作的商业模式、消费者的不断变化的需求、社会经济技术现状等方面，寻找产品的新的价值增长点，促进企业利润增长，加强企业的竞争力。因此产品设计的核心就是为消费者提供满足自身需求、符合消费者利益和效用的硬件和软件产品。

产品设计的形式是按照产品的造型、性能、品牌、包装等物质和非物质的不同形态，进行跨专业、跨行业的产品的设计和生产。

产品设计的延伸是对产品功能使用价值之外的产品附加价值的设计。消费者在使用产品的同时，还能享受到物流、上门安装服务和维修、产品品质保证等一些对消费者有价值的附加服务和附加利益，给消费者提供了便利，让消费者感受到更加完善的服务、更加健康、文明、和谐的生活方式。

（二）产品设计的核心概念

产品设计的核心是为满足消费者的各种需求，针对不同的消费需求提供不同的产品和服务，为消费者创造价值，建立人、自然和环境的和谐发展，推动社会经济文化的发展。

产品设计要以消费者为中心，以消费者的需求为导向，要进行多元化的创新产品设计，吸引消费者的注意力，创新产品的附加价值。产品的设计程序和设计方案是产品设计的关键。设计程序是为深入细致地抓好设计各阶段的问题，设计程序的每个阶段要选择出可能的解决方案中的最佳方案，有效地完成产品的开发设计工作。产品设计中也要考虑产品的投资与回报问题，追求企业利益的最大化。

二、产品创新的内涵

创新包括发现新问题和以全新的方式解决新问题。产品创新是应用新技术原理、采用新设计构思而开发生产出全新型产品，或应用新技术原理、采用新设计构思，在结构、功能、材料、工艺等各方面对老产品进行重大改型，并显著提高原有产品的性能或扩大功能而得到改型产品的过程。产品创新主要包括：技术创新、功能创新、形态创新、方式创新和市场定位创新等几个方面。

产品创新的内涵包括以下几点。

①创新的产品首先要保证质量，从产品材料的选择到简单化的构造都要达到经济性要求，为消费者带来实惠的同时提高企业的经济效益。

②产品的性能和结构要符合安全、实用和方便等功能性的要求，产品的造型和色彩装饰等要符合消费者的审美要求。独特的产品创新设计还可以使消费者产生愉悦的心情，能够体现消费者个人的价值观、兴趣爱好和社会地位等产品象征意义。

③产品的创新还要适应人性化的设计，适应新材料、新技术的应用，响应环境保护的号召，适应社会伦理、国家的安全标准化的要求。

例如，Hao Hua 的笔记本概念设计 D-roll。这个笔记本的屏幕和键盘都可以像画轴一样卷起来，电脑上面有 USB 接口和外设 USB，还配有可以用作装饰的精巧手提袋，方便笔记本的携带。

又如，2009 年 iF 产品设计获奖产品 Z 闪存。Z 闪存将时尚元素融入了科技，该产品款式简单大方，椭圆形的不锈钢带装饰图案的外壳设计很人性化，看上去既有光泽感，又具专业水准，别致而优雅。Z 闪存的容量为 1 ～ 8 GB。

三、产品创新的作用

产品都具有一定的生命周期，产品的生命周期是指产品从投入市场到在市场上被淘汰的全过程所持续的时间。产品的这种变化和生物的生命历程一样，都有一个发生、发展和衰亡的过程。典型的产品生命周期包括投入期、成长期、成熟期和衰退期。因此一个企业应该在产品进入衰退期之前或是更早，就研发新产品，并适时推出新产品，或采用一些策略来延长该产品的生命周期，从而保证企业的生命力。

产品的生命周期与产品的使用寿命是两个不同的概念。产品的使用寿命是指某一产品从开始使用到消耗磨损乃至废弃所用的时间。产品的使用寿命主要取决于产品本身的设计和制造质量以及使用方式和维修保养水平等。一个市场生命周期很短的产品，其使用寿命可能很长，如服装、汽车；而一个市场生命周期很长的产品，其使用寿命却可能很短，如爆竹、香皂。

产品创新对于生产产品的企业、使用产品的消费者以及整个社会经济文化的发展都有着重要的作用。

（一）维护企业的竞争地位

产品创新的最终目的，就是使产品不断地满足消费者的需求，使产品能够为企业带来源源不断的利润，从而维护企业在同类产品或者市场上的竞争地位。通过定期推出新产品，促进企业对新技术（材料技术、生物工程、信息网络等）的应用，提高公司品牌形象与地位。

（二）满足消费者求新、求异、求美的心理

21 世纪是科学技术迅速发展的时代，这个时期商品种类繁多，社会流行时尚和人们的审美口味在不断变化。产品创新要满足消费者求新、求异、求美的现实或者潜在的需求，在此基础上，划分消费群体，制定产品的目标市场，开发潜在的市场，应用新科学、新技术开发出全新的产品或者具有差异性的产品，不仅要满足目标市场消费者的现实的需求，也要激发消费者将来的需求潜力，

真正实现产品的价值。

（三）促进社会的和谐与文化多元化的发展

这是产品创新的宏观意义，也体现了整个社会和国家创新事业的重要意义。通过产品创新不仅能满足市场需求，还能体现新技术、新材料的应用，反映一定的社会价值观，促进社会多元文化的健康发展。

四、产品创新策略

企业发展有一个长期的战略，产品创新在该战略中起着关键的作用。产品创新也是一个系统工程，对这个系统工程的全方位战略部署是产品创新的战略保障，其内容包括选择创新产品，确定创新模式和方式，以及与技术创新其他方面相协调等。要实现产品创新，就要做到以下几个方面。

（一）关注产品的核心价值

关注产品的核心价值是产品创新的第一个层次。消费者购买产品的重要性并不在于购买的物质实体，而在于要得到这些产品能够提供的核心利益和某种服务的能力。产品核心价值的认定要以顾客为中心，而不能依靠企业的主观臆想。

例如，可口可乐新口味风波，享誉全球的可口可乐就曾经在这个问题上吃过苦头。20 世纪 80 年代初，可口可乐公司在百事可乐公司的巨大挑战下，地位受到威胁，市场占有率下降，因此决定研究新型的可口可乐来重新夺回市场。

百事可乐公司曾经对消费者口味进行过随机测试，发现美国消费者喜欢百事可乐的甜味，而不是可口可乐的那种干爽味。可口可乐公司也做了类似的测试，证实了这个结论。于是，可口可乐研制了一种甜味高的新配方，并从 1982 年起历时 3 年，对近 20 万人进行了口味测试。测试结果表明，一半以上的被测试者表示喜欢新口味。1985 年 4 月，可口可乐公司决定将新可口可乐全面推向市场，同时停止生产和销售老可口可乐。但使他们震惊的是，从 5 月开始，可口可乐公司接到消费者的抗议电话、信件不计其数。消费者甚至成立了"美国老可口可乐饮用者组织"来威胁可口可乐公司，声称如果不恢复老配方，就要提出控告并召开抵制新可口可乐的集会。百事可乐公司也乘机兴风作浪，在各家报纸上发表议论说可口可乐公司之所以推出新配方是因为百事可乐好喝。

这件事波及 500 家可口可乐的灌装厂和批发商。那么为什么经过了那么长时间的慎重的口味测试才推出的新可口可乐，却会产生如此严重的后果呢？消费者不是喜欢甜味吗？接下来可口可乐公司又重新做了调查，得出的结论是，人们之所以对老口味热情并抵制新可口可乐，不是因为他们不喜欢这种新口味，其真正原因是，他们所认定的可口可乐的核心价值不是口味而是可口可乐中所蕴含的浓厚的历史传统，老可口可乐已经成为美国文化的一个部分。

这是不是说产品的核心价值就不能改变呢？其实顾客所认定的核心价值会随着时间的推移、环境的变化、市场需求的变化而发生变化，企业可以从这些变化中寻找新的机会，从而在竞争中取胜。这就要企业充分把握市场的需求和潜力，关注技术的发展和社会的变化。

（二）注重产品形态

注重产品形态的创新，是产品创新的第二个层次。进入信息社会后，工业时代的批量产品设计的形式也发生了转变。从注重产品的功能、外观设计转向注重产品的形态设计，注重以消费者的消费行为为导向，进行产品的开发和产品的系统服务设计。

产品创新的设计也随着产品形态设计的变化而变化，通过应用推理想象等创新方法和有效的产品创新工具，综合应用科学技术的创新工艺，注重产品形态的创意来解决产品创新中的问题，实现产品形态的整体优化。

产品的核心价值必须通过一定的产品形态才能表现出来，才能使顾客得到产品所带来的核心利益。有研究表明，较高的产品质量不一定会增加多少产品的成本而能提高售价；但在此基础上进一步提高产品质量，却会大幅度提高产品的成本，售价却不能大幅度提高。当前同类企业几乎可以掌握相同的技术，并生产出相同质量的产品，因此产品形态的创新设计就变得尤为重要，可以凸显企业的差异性和竞争优势。历史上通用汽车公司的崛起，就因为抓住了当时市场的多样化和变化的需求，并适时增加了款型，从而超越福特公司成为当时美国最大的汽车公司，奠定了它今天在世界汽车业的地位。美国苹果电脑公司所推出的整体产品系统，就是从用户行为方式出发，将产品设计的视角从简单的产品外观扩展到产品交互、系统配套、服务模式方面，完全符合信息社会产品设计的特征需求，因而取得了商业上的极大成功。

台灯，是人们生活中用来照明的一种家用电器，一般放置于平面台架上。下面以学生寝室所用的阅读台灯为设计对象，应用基于认知心理学的产品形态创新设计方法对台灯的设计进行创造性思考，并完成两款台灯的设计。

第一款。建立台灯创新设计的问题空间：现有台灯的形态特征、用户期望得到的形态特征。经过市场调查和现有产品资料收集整理得出，市场上现有的学生用台灯，大都采用独立的灯罩和金属支架，配有可伸缩调节的灯杆或可夹在床栏杆上的灯架，灯光源以白炽灯和节能灯为主。设计目标及目标状态的形态特征：为学生人群设计一款安全而实用的学习台灯，能适合不同使用环境的需要，且时尚美观，要尽量减少所占用的桌面空间。进而利用创造性思维链，实现台灯形态的创新思考。创新思维的思考过程，将初始状态与目标状态进行链接的思维链，这就是应用此方法的产品形态创新设计思考的起点。

第二款。应用创造性思维来进行形态创新推导。市场上的台灯采用金属或塑料为材料，灯架可伸缩调节，以白炽灯或节能灯泡为灯光源。将这几个初始状态的形态特征要素向目标状态改进，利用极限映射、相似映射和重组映射等各种思维模块之间的组合，获得不同的创新结果，再根据目标状态的形态特征和设计师希望获得的视觉效果，选用合适的思维模块及其组合方式，完成创新思考，取得目标状态形态的创新设计。最终产品的形态设计过程和结果则会根据不同的思维模块的应用而丰富多样，最终设计出弦月台灯。

（三）加大产品的延伸内容

加大产品的延伸内容即产品的附加值是产品创新的第三个层次。产品的延伸内容是指顾客购买产品所得到的附加利益和服务的总和，包括保证、维修、咨询、送货等。高速成长的公司并不是最先发现产品核心价值的企业，但他们在汲取第一个公司经验教训的基础上，及时增加供货，提供周到的售后服务、耐心的咨询和培训等内容，就能形成该企业的优势。

五、创新产品的类型

（一）按"新"的特点

创新产品按"新"的特点分，可分为以下三类。

1. 全新型新产品

全新型新产品就是完全采用新原理、新技术、新材料、新结构制成的新产品。这种新产品在第一次试制的时候，往往采用了新的发明专利或新的科技成果，因而在全世界范围内具有"三性"，即新颖性（以前没有人制造过）、先进性（比同类老产品先进）、实用性（能够制造出来并能实际运用）。例如 19 世纪发明的电话、火车、汽车、飞机，20 世纪发明的电视机、电子计算机、塑料、尼龙等。

一般来说，全新型产品的诞生往往伴随着科学技术的重大突破。例如，20

世纪 60 年代激光技术的突破，导致了激光切削机、激光打孔机、激光测距仪等一系列全新产品的问世。全新产品一旦试制成功，往往能开创一个世界范围内的崭新市场，而且在较长的时间内处于专利垄断的地位。因此外国的一些大公司都不惜斥巨资设立新产品开发机构，高薪延聘当代杰出的专家、教授领导或指导公司的新产品开发研究。

2. 换代型新产品

换代型新产品即在原有老产品的基础上，为满足社会和人们的需要，采用新技术、新结构、新材料制造出来的产品。例如，石英电子手表是对机械手表的改造换代，彩色电视机是对黑白电视机的改造换代，电子计算机已由第一代的单纯运算发展到第五代的模拟人工智能等。换代新产品一旦成功，往往可以取代老产品，从而开辟新的市场。

3. 改进型新产品

改进型新产品即在原有老产品的基础上，采用各种改进技术后制成的性能有重大提高的产品。改进型新产品和换代型新产品属同一类型，区别之处在于改进的程度不同。以机械手表为例，机械手表加上日历盘成为机械日历手表，这是改进了结构，因而是改进型新产品；机械手表采用石英和电子技术后成为石英电子手表，这是采用了新技术、新材料、新结构，因而是换代型新产品。

改进型新产品可以是在原来产品的基础上加入新的零部件，使其具有新的功能，如上面说的机械日历手表是普通机械手表加了日历盘，因而在计时的基础上增添了计日（有的还有计星期）功能；也可以是增添新的原料，如银耳珍珠霜是在普通护肤霜的基础上增加了银耳、珍珠等成分，使其增加了"保持青春"的功能；还可以是把互有联系的老产品巧妙地组合起来，成为具有新用途的新产品，如收音机、录音机、电唱机组合的收录唱三用机，打火机、香烟盒组合的两用烟盒等。相对于全新型新产品和换代型新产品来说，改进型新产品的开发要简便、容易得多，既不需要大量的投资，也不需要高深的技术，一般企业都能干，有时能给企业带来较大的经济效益。

（二）按创新产品的范围

创新产品按范围分，可分为国际性新产品、国家级新产品、省级新产品、县级新产品、企业级新产品。目前，国家只承认前三种新产品（填补全球空白的国际性新产品、填补国内空白的国家级新产品、填补省内空白的省级新产品），对它们实行政策上的扶持和鼓励，如免征产品税、增值税，优质优价等。

（三）按新技术的来源

创新产品按采用新技术的来源还可分为引进型新产品和自主研发型新产品。但无论按哪一种标准划分，新产品的特点就在于"新"，这一点是不会改变的。或者新在采用了新的技术、新的结构，或者新在采用了新的材料、新的部件，或者新在具有新的性能、新的用途。只有这样的产品才能称为新产品，才能开辟新的领域，开拓新的市场。那些仅仅改变了外观的花色、款式和包装装潢的产品，尽管它们能打开销路，给企业带来效益，应该鼓励和支持，但只能称为老产品的新花色、新款式、新包装，而不能称为新产品，不能享受新产品的优惠待遇。

第二节　产品创新设计的信息整合与流程

一、产品创新设计的信息整合

产品创新设计是一种综合的信息整合过程。产品创新设计能够充分反映产品设计的交叉性和边缘性的专业特点，产品设计的艺术性和工程性，正是这一特点的内在要求。产品设计反映了一个时代的经济、技术和文化等的综合性特点。

产品创新设计的信息是指各种设计要素，包括线条、色彩、结构、材质、界面、符号语义、人的需求、文化特点等，这些信息都可以称为设计对象。产品设计的目的就是有效组织这些信息，使它们以美好的形象展示出来。这个形象就是我们所看到的产品的整体观感。注意是观感而非造型。造型只是产品的一个载体，而观感可能要包括更多深层次的东西，比如交互方式，比如文化特质等。

产品创新设计的整合，代表的是设计的程序和方法。整合不是一个简单的动作，而是一种缜密的思维方式，是一个科学的过程。做设计如烹饪，要各个过程有条不紊，各种主材配料缺一不可，还要把握火候和时间，这不但要看设计师的个人素质，更要遵循一定的程序和方法，严谨求实，又要有个人魅力的发挥。这才是设计，而非艺术创作。

产品创新设计最重要的是一定要有创新，创新是生命的原动力，是推动历史的助力器。没有创新，人们就不能看到那些琳琅满目的产品，就不能享受到那些新技术所带来的便利，而产品也就没有办法体现它的历史文化特性。当20世纪80年代末那些移动电话的第一批拥有者拿着"大哥大"高谈阔论的时候，应该不会想到如今"果粉"们所推崇的 iPhone 那令人陶醉的交互体验和简约时尚的外观。而现今时代的我们在怡然自得地摇着手机搜索身边的微信好友的时候，是否能想到未来的科学技术会把我们的生活带往何方？所以说，这是一个开放的时代。产品设计是一个开放的专业，大家也要以一个开放的姿态来进行学习，才能够体会到这个过程所带来的乐趣。

二、产品创新设计的流程

产品创新设计的流程一般包括设计策划、市场调研、造型设计、样品制作、市场试销、修正和正式投放等。

（一）设计策划

设计策划作为产品设计的第一个步骤，它的任务在于使设计业务与商业情报沟通，进行资料收集与比较、分析，了解法令规章，研究设计限制条件的界定，确定正确的设计形式，写出设计策划书。在设计策划过程中，需做好以下几点。

①委托设计项目。如果是委托设计项目则需要与委托人进行沟通。首先要了解委托设计的产品特性，针对产品的使用材料、形状等不同的特性，采取不同的产品创新设计策划；其次要了解产品的消费群体，针对消费者的年龄差别、文化层次和经济状况的不同，对产品进行准确的市场定位；还要对产品设计的相关费用有一定的预算策划，包括产品的成本、生产、产品的包装和售价、产品的广告预算等，做到使委托方的经济效益最大化；最后了解委托方对产品创新设计的要求，突出企业形象识别，保证制订全面准确的产品设计策划。

②自主设计项目。如果是概念设计等自主设计项目，则需要提出新的问题，确定设计题目，并探索新的形式来解决问题。

（二）市场调研

市场调研是产品创新设计最重要的部分，有时甚至决定着新产品设计的成败。市场调查与研究，简称市场调研，是两个相互联系又有区别的概念。市场调查主要是通过各种调查方式，系统地收集大量的有关市场商品产、供、销的数据与资料，如实地反映市场的客观情况；而市场研究则是根据市场调查所得的数据和资料，进行"去粗取精、去伪存真、由此及彼，由表及里"的分析，从而得出合乎客观事物发展规律的结论。市场调研以弄清市场的客观事物为主要目的，为企业在市场上做出各项经营活动提供科学的依据。

市场调研的程序通常由以下五个步骤组成，即确定调研课题、制订调研计划、收集信息、分析信息、形成调研报告。市场调研的主要内容包括技术调查、消费人群需求调查、竞争者调查、法律法规调查等。其中消费人群的需求调查是最重要的环节。市场调研的方法主要包括观察法、访谈法、问卷调查法、实验法、抽样调查法等。

1. 市场细分

市场细分就是营销者通过市场调研，根据消费者对商品的不同需求，不同购买行为和购买习惯，把消费者整体市场划分为类似的若干个不同的购买群体——子市场，使企业可以认定目标市场的过程和策略。市场细分理论和原则在国内外市场营销中得到了广泛的运用，它可以帮助企业更好地研究分析市场，并为选择目标市场提供可靠的依据。市场细分对增强企业的竞争力，更好地满足消费者的需要，给企业带来巨大的经济效益和社会效益都具有重要意义。

市场细分是一项复杂细致的工作。一般来说，可按照以下7个步骤来进行。

①正确地选择市场范围。

②列出市场范围内所有顾客的全面需求。

③确定市场细分标准。

④为各个可能存在的细分子市场确定名称。

⑤确定本企业开发的子市场。

⑥进一步对自己的子市场进行调查研究。

⑦采取相应的营销组合策略开发市场。

2. 目标市场的选择

目标市场是指企业在市场细分的基础上，经过评价和筛选所确定的作为本企业经营目标而开拓的特定市场，即企业能以某种相应的商品或服务去满足其需求的那几个消费群体。为保证企业的效率，避免资源的浪费，并使经济价值最大化，必须将企业的营销活动局限在一定的市场范围内。企业必须根据自身的资源优势，权衡利弊，选择合适的目标市场。

目标市场的选择必须具备以下几个条件。

①有足够的市场需求。

②市场上有一定的购买力。

③企业必须有能力满足目标市场的需求。

④在被选择的目标市场上，本企业具有竞争优势。

（三）市场定位

市场定位是指企业根据目标市场的特点以及企业的自身情况，确定新产品主要满足哪些消费者的哪些需求，以及确定新产品具有的主要特色，以区别于该企业的老产品和同类竞争者的新老产品，使新产品具有竞争力。

例如，太阳花系列鼠标。目前的鼠标市场除了国外的几家大型鼠标品牌有自己的模具开发中心外，国内一些鼠标品牌基本上没有自己独立的模具研发中心，因此，国内企业多半是靠模仿或者说仿造国外一些鼠标品牌的产品外形来打市场。而目前市场上一些主流品牌，如罗技、微软等，它们的鼠标主要市场在欧美国家，所以它们的产品不管是在人体工程学方面还是在产品外形方面，基本上是按照欧美人士的人体工程学和审美观来进行设计的。像欧美的鼠标品牌罗技、微软生产的鼠标都比较大且后背都非常弓。此外，欧美人士更喜欢色彩沉稳、线条粗犷、造型不张扬的产品，而以中、日、韩三国人为代表的亚洲人更喜欢色彩靓丽、线条柔美、造型新锐时尚的产品。

太阳花系列鼠标针对不同人种的人体工程学、不同地方的消费习惯、不同地区审美观的差异，专门为亚洲人设计了大、中、小型三个类别的鼠标。

太阳花大型鼠标（天梭系列鼠标）适合身高在 173 cm 以上的亚洲人使用。

太阳花中型鼠标（太阳花铁甲骑士鼠标）适合身高在 160 ～ 173 cm 之间的亚洲人使用，而这个身高的人士在亚洲占了大约 60% 以上的人口比例。

太阳花小型鼠标即迷你鼠标，是专为身高在 160 cm 以下的亚洲人士设计的。因为考虑到绝大部分消费对象为女性用户，要符合亚洲女性的审美观，并量体裁衣。像铁甲骑士鼠标，其搭配有质感的金属按键，色彩也是女性喜爱的浅蓝、玫瑰红和珍珠白，还有灰蓝色的发光滚轮，外观设计和色彩的搭配不仅有时尚感，科技感也十分强烈，深受亚洲白领女性的喜爱。

（四）造型设计

1. 设计构思阶段

设计构思是造型设计的发散阶段。设计师在对产品做相关调研后，凭借经验、职能、想象力、创新力以及天资，通过充分的思维发散和设计构思，去探索与寻找尽可能多的期望合理的方案。设计师可以不受现有技术条件、市场需求等客观条件的限制，充分利用各种创新方法，交换组合产品造型设计的解决方案，利用手绘草图、预想效果图来表现设计构思。

2. 设计定案阶段

这一阶段是造型设计的收敛阶段。设计师通过分析比较、淘汰归纳，竭力排除设计构思阶段中不切实际和实用价值不大的方案，确定创新、合理的最佳造型方案。设计师可以利用工程图来表现结构，利用计算机渲染效果图或实物模型来表现造型设计。设计定案阶段包括以下几个方面的内容。

①总体布局设计，也就是确定产品的形状和大小。在造型设计的构思阶段确定的效果图的基础上，根据产品生产的技术工艺和产品的结构图确定出产品的尺寸和基本形体，进而准确地进行产品总体布局的数据设计。

②人机系统设计，即协调人、产品、环境的相互关系。根据总体产品布局，讨论在产品生产和使用过程中的人机操作显示系统、作业的空间和环境、产品的安全性和舒适性等方面的问题。

③比例设计，即考虑产品整体与局部之间的比例关系。产品总体造型的设计比例，要根据产品的性能结构和形状大小达到技术参数的要求，要使产品从总体上获得美观大方的视觉效果，符合人们审美的标准。

④线型设计，即保持产品的线型风格与产品的性能协调一致，与产品所处的社会时代背景协调一致，在此基础上讨论设计产品的轮廓。

⑤色彩设计，即选择产品整体的色彩风格。色彩搭配要考虑产品的功能特点、产品使用的工作环境、消费者群体的心理需求、不同国家和不同地区民族对色彩使用的习俗，还要考虑产品材料的特性、产品生产的工艺等方面的综合因素，最后产品的色彩搭配要符合当下时代潮流和流行色的发展。

⑥装饰设计，包括产品的包装、商标等的装饰设计。

⑦效果图的绘制和模型制作。在前面对产品的总体布局和产品的比例、线型、色彩和装饰的设计基础上，绘制产品的效果图，制作产品的模型。

⑧撰写造型设计说明书。在造型设计完成之后，要撰写产品的造型设计说明书，对前面所讨论的各个造型设计阶段做详细的说明。造型设计说明书的主要作用是申报投产、申请专利、资料保存等。

（五）样品试制

在产品造型设计完成之后，要讨论产品的造型设计说明和产品的效果图、模型制作和产品设计思想是否统一，确定最终的产品造型设计方案。

方案确定之后，绘制出产品的详细的设计图样，包括产品的各部件、各个零件和产品的总体装配图，然后就开始样品的试制。

第三节　产品创新设计的类型

一、改进型设计

（一）改进型设计的内涵

我们所说的改进型创新几乎是看不见的，但是其对产品的成本和性能却有着巨大的累积效果。改进型创新是建立在现有技术、生产能力、市场和顾客的变化之上的。这些变化的效果加强了现有技能和资源。与其他类型的创新相比，改进型创新更多地受到经济因素的驱动。改进型创新是指对现有产品进行改造。改进型设计可能会产生全新的结果，但是它基于原有产品，并不需要做大量的重新构建工作。消费者总是希望产品能够不断适应他们目前的生活方式和风格潮流，产品存在的目的就是满足消费者不断增长的需求。因此，这种类型的设计是设计工作中最为普遍和常见的。

改进型设计虽然单个看每个创新带来的变化都很小，但它们的累积效果常常超过初始创新。美国汽车业的 T 型车早期价格的降低和可靠性的提高就呈现了这种格局。1908—1926 年汽车价格从 1200 美元降到 290 美元，而劳动生产率和资本生产率都得到了显著的提高。成本的降低究竟是多少次工艺改进的结果连福特本人也数不清。设计师一方面通过改进焊接、铸造和装配技术以及新材料替代降低成本，另一方面还通过改进产品设计提高了汽车的性能和可靠性，从而使 T 型车在市场上更具吸引力。虽然改进型创新所带来的进步微不足道，但是持续进行这类产品的创新就能带来巨大的改变，从而实质性地改变企业的现状。

（二）案例——松下洗碗机背后的故事

在日本松下公司决定开发洗碗机时，市场上已经有类似的美式洗碗机。美式洗碗机像洗衣机，用水量大，且一次只能洗 12 人用的餐具。1960 年，松下公司开发了"回产一号"洗碗机，这是美式洗碗机的仿制品，与美式洗碗机一样体积庞大，用水量大，而且污垢不能一次洗净，很快就被市场所淘汰。在现代社会，很多家庭都是夫妻同处职场，家务就显得特别繁重，且长期被洗洁剂浸泡双手容易老化，所以家庭主妇还是希望有自动化的家电帮助其解决烦恼。但现代家庭厨房普遍较小，没有空间摆放一个像洗衣机大小的洗碗机。因此，虽然有市场需求，但洗碗机销量一直很小。任何产品不论其是否能够热销，都是从 10% 的市场占有率开始的。这个数字是产品能否留在市场的分界点。松下电器市场调查人员为了弄清楚洗碗机是否能达到 10% 的热销普及率，就一家一家地拜访家庭主妇进行调查访谈，告诉她们现在正在开发放在水池旁的洗碗机，用户的反应让调研人员觉得，洗碗机将像洗衣机一样获得良好的市场反应。

新一代洗碗机的上市并非一帆风顺，市场营运部不断接到投诉。开发设计人员随即展开了市场调查。原来，随着整体厨房的出现，新型水龙头的种类有 5000 多种，而洗碗机的接头无法与之对应。开发设计人员又发现，本想放洗碗机的案台被案板和调味料瓶占满了，现在案台只有不到 20% 的空间。他们发现水槽侧边有一个约 30 cm 的地方，于是，在不改变容量的前提下，设计人员重新设计了洗碗机尺寸并制作了一台样机。新的问题又来了，原来的洗碗机采用的是烤箱式的向下旋转门，当门打开向下翻转时，会挡住水龙头。开发设计人员首先对接头进行了改良，使之能够适应所有的水龙头，并且根据公交车折叠门的原理，设计了向上的折叠门，解决了翻转门翻转时挡水龙头的问题。

当市场营销人员努力劝说用户购买洗碗机时，有的用户却说家里有三四个可以洗碗的人，不用花一笔钱购买洗碗机。还有什么能打动家庭主妇呢？开发人员在观察中发现，传统的用手洗碗冲洗时，水龙头会一直开着，这样便浪费掉很多水。于是，开发设计人员想到，如果能降低洗碗机的用水量，也许就能打动家庭主妇。他们发现，洗碗机的喷嘴中的水都是从底端横着喷出，然后通过反射在容器内进行旋转，但是水打在容器壁上就清洗不了餐具，水被白白浪费了。若靠发动机来制造转动，电费又太高了。洗碗机项目因为节水问题被一再耽误。

偶尔的一次生活观察，让设计人员发现草坪上的喷水器正好可以解决这个问题：把喷嘴设计成 L 形，水不用横着喷，也可以旋转。开发设计人员根据这个原理把原本笔直的喷嘴设计成回旋镖的形状，喷嘴转动后，所有的水都打在了餐具上，用水量是手洗的 1/7。样机制作完成后，开发设计人员又对用户进行了一次访谈，有个家庭主妇提醒道，有棱角的门会给人一种压迫感。最后新产品的门改成了圆润无棱角的。经过不断的与用户沟通，改进产品，松下洗碗机终于获得了市场的认可，普及率超过了 10%。

上面的案例说明，通过不断的调查研究，改进产品本身的问题，更有针对性地改良现有产品，可以带来巨大效益，得到市场认可。

二、创新型设计

（一）创新型设计的内涵

创新型设计也称"原创设计""全新设计"，是指首次向市场导入的能对经济产生重大影响的创新产品或新技术。通过新材料、新发明的应用，在设计原理、结构或材料运用等方面有重大突破，设计和生产出来的产品与市场现有产品有本质区别，往往会导致新的产业产生，甚至改变人们的生活方式，如计算机、MP3 等。成功的全新设计几乎都处于时代的前列，全新设计虽然有可能改变市场甚至统治市场，但同时也存在极高的风险。创新型设计与科学上的重大发现息息相关，往往需要经历很长时间的考验，并接受其他各种程度创新的不断充实和完善。

（二）案例——戴森真空吸尘器

詹姆斯·戴森是英国的设计之王，他是世界上真空吸尘器的发明者，是英国最有创新精神的企业家。1978 年的戴森一家，居住在农舍里，农村的生活条件比较落后，灰尘比较多。一天他家的破旧的胡佛牌真空吸尘器停止工作了，喜欢发明的戴森就决定动手修理这台吸尘器。吸尘器停止工作的原因是集尘袋里的脏东西多了以后堵住进气孔，而切断了吸力，而这个问题也是自吸尘器问世以来一直没有解决的难题。

戴森在坚持研制了 5127 个模型后，在他自己发明的"球轮"手推车的厂房里，利用风扇解决了风道里的过滤器经常被各种塑料颗粒堵住的问题，这启发了戴森。经过 5 年的潜心研究，他发明了不需集尘袋的双气旋真空吸尘器，引发了真空吸尘器市场的革命。

三、概念型设计

（一）概念型设计的内涵

概念型设计又称未来型设计，是一种探索性的设计，旨在满足人们未来的需求。这些设计在今天看来，可能只是幻想，但是却可能成为未来的现实。这种创新设计会极大地推动技术开发、生产开发和市场开发。

概念设计体现着社会的一种生存理念和精神向往。因此，广义的产品概念设计可以看作由分析用户需求到生成概念产品的一系列有序的、有组织的、有目标的设计活动，通过抽象化由模糊到清晰，不断进化来拟定未来产品的功能结构，寻求新产品的合理解决方案。在设计前期阶段设计者的构思最初是丰富和感性的，继而针对设计目标做出周密的调查与策划，分析出客户的意图，结合地域特征、文化内涵等，再加之设计师独有的思维素质产生一连串的设计想法，提炼出最准确的设计概念。创造性思维将繁复的感性和瞬间思维上升到统一的理性思维。最终所有前期概念转化为使用者的使用体验，概念产品则是一种理想形式的物化。

从分析用户需求到生成概念产品，概念设计改变了原有设计的一贯思维逻辑，甚至重新定义某一设计领域的格局。概念设计关注人们的现实需求或预测将来的生活方式和审美趋势，常常不受现有科学技术水平和物质条件或设计开发成本的限制，它既可以以现有的技术资源对新产品的功能进行新的诠释，也能采用可以预见的新技术和新条件进行未来产品的设计开发。概念设计的目标追求往往最能体现设计是人的思维形象化这一设计的真正内涵。也正是因为概念设计的特殊性，概念产品的开发设计会对设计师的素质提出更高的要求。

概念设计关注更多的是基于未来人们的审美情趣和新技术平台下的产品开发。例如，各大汽车厂商会投入相当多的资源去进行概念车型的开发和设计，进行未来市场的预测。汽车厂商常常不计概念汽车的开发设计成本，倾力打造具有前瞻性造型和技术超前的未来汽车，在把新的造车理念与技术实力展示给消费者的同时又表达了企业自身对未来发展的信心，如宝马概念车——BMW Vision iNEXT 的发布。

在概念设计中，概念可以基于人生活的时间维度提出，如对人未来生活形态的向往和预计。设计源于需求，在今天很多我们已经习以为常的设计产品，在未被大家接受、使用之前，可能都算是前卫的概念设计。但设计师通过对人未来需求的推测与预先判断嗅出了新产品存在的市场潜力。新的技术、材料，不断增加的财富，是满足人们对未来需求的物质基础。概念设计也可以通过人的思想深度去找寻。哲学思想、艺术背景和社会环境的不同，让设计师看待事物的基本观念存在很大的差异，设计师将其情怀运用在设计中，就形成了具有多样化意识形态的设计概念。

（二）案例——射灯和"时间痕迹"腕表

1. 射灯

这一款射灯，它不仅能提供光亮，还能用有趣的方式在不经意间提醒人们时光的飞逝。射灯射出的圆形光亮就像一个表盘，地球图案的阴影固定不动，移动的阴影就是时针，随着时间的流逝，小火箭飞离了地球，运送一颗小卫星绕地球旋转，返回地球时又变回了小火箭。

火箭和卫星都是航空航天的象征，同时，它们飞速运动又让人联想到时间的流逝。这款射灯的主要功能依旧是照明，阴影的运动并不能准确指示时间。然而，我们在生活中，往往就是在不经意间注意到时间的飞逝，就如火箭、卫星的暗影在不经意间已经走了很远一样。

2."时间痕迹"腕表

随着人们的生活节奏越来越快，时间对于我们却越来越抽象。当一年在不知不觉中又过去时，人们总是有一种怅然若失的感觉，心中总是禁不住要问："时间都去哪儿了？"

设计师设计这款手表的初衷就是为了帮助忙碌的人们记录时间的痕迹，消除对于时间的迷茫之感。

传统表针和现代普遍使用的电子表的计时方式都不符合现实世界中时间消逝不复返的特点，因此，设计师设计出全新的双轮计时方式：当时间过去，所在的时刻就陷入黑暗，象征时间一去不返，从早晨开始，表盘上亮的区域会越来越少，好似一种倒计时，给人以时间的紧迫感。记录痕迹的呈现方式灵感来源于年轮，每一圈代表一天，圈上的每一个点代表一件事，表盘上共七圈，代表一周，一周之后清空痕迹，重新开始记录，如此循环。圈与点共同构成璀璨星空的画面，在夜晚开启时尤其具有美感，看着自己这一天的记录，人们内心的踏实与满足不言而喻。另外，根据观察，很多人习惯在手背上写上当天要做的事提醒备忘，设计师据此设计了一种符合用户无意识的自然的概念提醒方式，即在手背上投影出备忘的事，到时间便提醒用户。

第四节　产品创新设计的意义

一、推动社会发展

（一）社会各国竞争力的体现

产品创新设计能力就是各国竞争力的体现，世界各国都把重视产品的创新设计作为头等大事，无论是发达国家还是新兴的工业化国家和地区都达成了共识，都把产品创新设计作为国家创新战略的重要组成部分，一些国家甚至将其上升到国策的高度来认识。日本和韩国非常重视对产品创新设计技术的普及推广和应用，产品创新设计在日本和韩国的工业振兴的过程中发挥了巨大的作用，也为日本和韩国的工业产品能够深入世界的每一个角落，赢得国际声誉做出了巨大的贡献，使得日本和韩国的产品在世界的消费者市场中占据了重要的位置。

随着我国制造业的转型，"中国制造"升级到"中国创造"的思潮不断升温发酵，我国的工业设计也从行业层面上升到国家战略层面。国家"十二五"规划纲要明确指出，要"加快发展研发设计业，促进工业设计从外观设计向高端综合设计服务转变"。我国为了推动工业设计向产业化方向发展制定出了纲要，创造了良好的社会发展的环境，我国的工业产品设计从此进入了转折跨越发展的重要时期，扩大了产品设计的规模，也提高了产品设计的整体化水平。

从我国和世界各国对工业设计的重视程度可以看出，工业设计已成为各国制造业提高竞争力的源泉，也是各国竞争力体现的核心动力之一，对推动全社会的经济文化进步起到更重要的作用。

（二）推动社会经济发展

科学技术是第一生产力，说科学技术是生产力就在于它能够推动社会经济的发展。产品创新设计作为艺术与技术相结合的产物，同样具备促进社会经济发展的价值。企业生产产品，首先需要有设计方案，然后才能根据设计方案购买原材料，并组织劳动力生产。只有按照设计方案生产出来的产品，才能够在材料、结构、形式和功能上，最大限度地满足人们的生理与心理、物质与精神等多方面的需求，产品才有可能具有商品的活力，已经生产出来的产品才有可能在市场上得到最大程度的销售。这是企业生存和发展的根本。

不仅仅是企业的生存和发展有赖于商品的活力，一个地区、一个民族，乃至于一个国家的经济都依赖于商品的活力。要让产品富有商品的活力，设计仅仅停留在设计方案上是不够的，还需要让设计贯串生产、流通和消费的全过程。企业需要通过优良的工业设计，尽量地将其在先进工艺设备、科学的管理、廉价环保的原料以及销售技术方面的优势发挥出来。

设计史上，艺术设计促进社会经济发展的例子比比皆是。早在 1982 年，英国前首相撒切尔夫人就亲自主持了"产品设计和市场成功"的研讨会，并指出："如果忘记优良设计的重要性，英国工业将永远不具备竞争能力。"由于英国政府的重视，20 世纪 80 年代初期和中期，英国设计业迅猛发展，进而促使英国工业开始新一轮的增长，出现了 1986 年 3.6% 的高增长率。设计不仅推动了英国工业的发展，而且拯救了英国的商业，使政府和企业都从中获得了巨大的盈利。

二、提升企业形象

（一）促进企业与市场的融合

任何先进技术和科研成果要转化为生产力，必须通过设计。只有把科研成果物化为消费者乐意接受的商品，才能进入市场，并依靠销售获得经济效益，最大限度地实现科技成果的价值。因此，产品创新设计是连接企业和市场的桥梁。企业通过应用先进的技术和创新的设计，生产出满足消费者和市场需求的产品；产品在市场的销售也使得企业实现了自身的发展需求，给企业带来了经济效益，提高了企业的知名度，促进企业的发展。产品创新设计实现了在社会经济发展中的价值，也成为发展的重要主导因素，实现了产品价值的增值，影响了高新技术产业的发展。

例如，长城哈佛 SUV 积极开拓海外营销市场。长城哈佛最大的海外市场是俄罗斯。从 1909 年 4 月 6 日美国探险家皮尔里与他的探险队第一次登上北极点之后，人类对于北极圈的探索就从未停止，征服北极是勇气与实力的象征。哈佛 SUV 利用挑战北极冰雪之旅中的表现树立起品牌形象，做了令人信服的品牌营销。2012 年 10 月 2 日，哈佛 SUV 北极冰雪试驾活动在莫斯科正式启动，参与此次北极冰雪之旅活动全程的车辆是柴油、汽油四驱哈佛 H5 欧风版，都是没有经过改装的商品车。活动以莫斯科为起点，历时半个月，穿越将近 3500 多公里，车队经过了大雪覆盖的区域，跨越荒漠，渡过河流，在不断变换的气候中，见证了哈佛 SUV 的产品性能。

当今汽车市场竞争日益激烈，产品同质化日趋严重。对于后进入国际汽车市场的企业而言，要在激烈的竞争中占有一席之地，就必须使自己的产品具有特色。企业要加强市场营销，树立产品鲜明的形象，提高产品的品牌知名度，培养顾客的忠诚度，最终实现企业的目标。通过此次北极冰雪之旅活动，长城哈佛吸引了北欧诸国媒体及消费者的眼球，使得长城哈佛 SUV 的产品形象在国际上得到了很大的提升，引起了国际及国内消费者对其产品的充分注意，再加上产品的合理价格，极大地提升了企业在国际汽车市场上的竞争力，为企业能够在激烈的市场竞争中获得潜在市场份额埋下了伏笔。

（二）提升产品附加值

企业的产品创新设计，可以提升产品附加值，增加企业经济效益。如果说，传统意义上的产品设计是以其使用价值与交换价值为主导的，审美价值和社会价值仅在其次，现在的情形发生了很大的变化。随着世界经济竞争的日益剧烈以及全球经济一体化进程的加速，通过设计增加产品的附加值成为目前经济竞争的一种强有力的手段。

所谓增加产品的附加值，就是指通过设计提升产品的审美价值和社会价值。产品的审美价值和社会价值在逐步提升的过程中，有时甚至会超过产品的使用价值与交换价值，进而成为产品价值的主导。这样的策略，能够降低产品的可替代性，使企业掌握制定价格的主动权。制定价格主动权的掌握，就意味着产品竞争力的提高，意味着经济效益和社会效益的增加。

（三）创造企业品牌

产品创新设计，可以创造企业品牌，提升企业形象。品牌的形成首先是产品个性化的体现，而设计则是创造这种个性化的先决条件。设计是创造企业品牌的重要因素，如果不注重提升设计能力，企业将难以成为一流企业。

华为从 1987 年成立以来，一直是 ICT 领域技术领导者。华为在运营商业务领域，服务全球超过三分之一的人口；在企业业务领域，截至 2015 年年底，在全球部署的 660 个数据中心中，华为云计算的企业级合作伙伴达 500 多家，服务于全球 108 个国家和地区的 2500 多家客户，覆盖政府及公共事业、运营商、能源、金融等行业；在消费者业务领域，中高端产品、海外高端市场和荣耀模式获得长足发展，海外市场渠道、零售、服务能力建设卓有成效。2018 年华为企业通信将 AI 作为产品核心竞争力，积极利用 AI 技术为用户实现智能化的企业通信协作体验。华为云在软件上专注于大量的架构和核心算法、在硬件上专注抓好构架和芯片，积累了深厚的软硬件和数据中心基础建设的优势能力。在云 2.0 时代，华为云利用领先的技术水平、全球化的运营能力和世界级的品牌影响力，联合合作伙伴为全世界大中小型企业打造极致性价比的智能云服务。到 2019 年，企业通信市场向云转型的趋势愈发明显，企业云通信已经成为企业的信息中枢，而华为企业通信业务在中国区的份额已经连续六年位居第一，市场占比接近 40%，很多企业将华为作为企业通信的第一品牌，华为企业通信业务又将着力开拓海外市场。华为利用自己的企业品牌，应用领先的技术，构建和谐的商业环境，实现自身的健康成长。

三、改变消费者意识

（一）改变人们的生活方式

产品的创新设计从纽扣到航天飞机，已经进入各行各业，渗透到我们生活的每一个细节，成为社会生活不可分割的部分。从人们所处的环境空间和所使用的物品、工具，到人们对物品、工具的使用，再到思维的方式、交往的方式、休闲的方式等，无不体现着设计的影响，无不因设计的存在而发生变化，有的甚至是翻天覆地的转变。

产品不仅会潜移默化地对人们的生活产生影响，甚至还会导致人与人之间的社会关系的重大改变。对此，或许每一位手机用户都有切身体会：自从手机问世以后，尤其是智能手机普及以后，人们的生活方式、角色关系也在发生着改变。只要一机在手，无论是在高山海滨还是田野牧场，人们都能掌控一个实时、远程、互动的通信系统。而且可以通过手机上网实现购物、游戏、学习、办公等各种功能，但同时也有研究者发现"夫妻间信息的沟通因手机的出现而变得异常方便的同时，他们享受的交流空间却缩小了"。

（二）帮助消费者认识世界

产品反映着设计师对社会的观察和认识，也反映着设计师对艺术、文化、技术、经济、管理等各方面的体悟。这些观察、认识和体悟被设计师融入其所设计的产品中，在公众与产品的直接接触中，或多或少、或深或浅地影响了公众对于世界、社会的认识与理解。

例如，自20世纪八九十年代开始，设计师们围绕着环境和生态保护进行探索，提出诸如绿色设计、生态设计、循环设计以及组合设计等设计理念，并形成了不同的设计思潮与风格。顺应这些设计思潮的产品（如电动汽车、可食性餐具、可循环使用的印刷品与纸张、带可变镜头的照相机等），在很大程度上能强化公众的环保意识，加深公众对于人与环境的和谐共处的理解。这样，我们就不难理解日本设计家黑川雅之的话："新设计的出现常常会为社会大众注入新的思想。"

5G技术于2018年的世界互联网大会上惊艳亮相。现在出现了在道路上行驶的无人驾驶汽车，通过5G网络的远程操作，无人驾驶汽车在车辆的避让、十字路口的准确停车与启动、到达目的地以后准确地驶入预定的车位这些方面都可以顺利运行。

在积极的意义上，产品创新设计对公众认识和理解问题的影响，是一种说服和培养，属于广义的教育。当然，工业设计对于公众起到的教育作用，不仅仅在于上述的影响，还有更多的内容。公众通过使用产品，通过认识、思考和理解，会在文化艺术、科学技术、审美、创造力以及社会化等方面获得经验、增长知识、培养能力，在思想、道德等方面提高素养。例如，各种造型可爱、功能多样的儿童玩具具有益智功能，能对儿童起到教育的作用，有利于儿童的健康成长。同样，市场上有许多设计精美的同类产品，功能相似但形式多样，在无形中能提升公众的审美能力和创新能力。公众在使用计算机、智能手机等电子产品的过程中，对相关文化知识和电子信息技术的了解都会有所加强。

第四章 产品设计的创新思维

创新设计的本质是创新思维，可以说，它是人类思维中最亮丽的花朵、最理想的成果。如何在产品设计中，找到创新设计的突破口并运用有效的方法进行设计，需要掌握一定的思维方法。开展产品创新设计教育的目的在于引导学生打破创造的神秘感，掌握创新思维方法并应用于设计实践中。本章分为创新思维在产品设计中的重要性、产品创新思维的形式、产品创新思维的分类三个部分，主要内容包括：思维决定成败，设计改变生活，创新思维的重要性、特征、作用和主要形式以及产品创新思维的分类等方面。

第一节 创新思维在产品设计中的重要性

一、思维决定成败

为什么在面对同样的困境时，有的人能够成功，而有的人却一蹶不振？为什么同样资质的学生，在毕业后有的能脱颖而出，有的却默默无闻？为什么在科技领域我国可以领先世界，而在设计领域却停滞不前？最让人惊奇的是建筑领域，同样都是房子，国内的房子大多整整齐齐，千篇一律，而国外的房子则千差万别，各有特色，为什么会产生如此大的差距？

产生这种差距的根源在于人们思维方式的差异。思维方式的不同使人们产生了截然不同的人生，简单来说就是思维决定成败。思维是人脑对客观事物间接的和概括的反映。在产品设计的过程中，设计与思维是一个完整的概念。其中"设计"对思维的范畴进行了限定，是前提；而"思维"借助于各种表现形式得以体现，是手段。

产品设计的创新思维是一门课程，它培养学生的思维方式。设计师走向成功必须要经历"培养创新思维、进行创造性实践、取得创造性成果"这一必然路径。知识经济时代是人们赋予21世纪的全新称号，知识经济是新型经济形态，它不同于农业经济、工业经济。在某种意义上，知识经济时代最显著的特征是创新，知识经济时代最需要的能力是创新能力。"创新是一个民族进步的灵魂，是国家兴旺发达的不竭动力，一个没有创新能力的民族，难以屹立于世界先进民族之林。"

二、设计改变生活

我们的生活本来是很枯燥的，因为有了设计，它变得丰富多彩、美丽多姿。

办公室的工作日复一日，多无聊啊！没关系，看到这盆办公室之花，你的心情马上就会变好。它可不是一盆普通的用来装饰桌面的塑料花，它还是一个办公室组合工具。有了它，即使是裁纸、粘贴票据这样琐碎无聊的工作也变得有趣了。

饿了吧？想吃面包了，找到案板找不到刀了，切好了面包，刀套哪儿去了？真麻烦。没关系，有了这款案板与刀的组合，无论什么时候都能很容易地找到刀，再也不用担心找不到刀套了，切好了随便就可以把刀又插回去，方便极了。无独有偶，Propaganda 公司的一款果盘也运用了同样的方式，果盘的把手里面就是水果刀，切完水果后直接就可以把刀放回原位，非常方便。

约了朋友去沙滩玩，准备今天就对她表白，可是怎么也开不了口！那有什么大不了的，买双拖鞋，它就会帮你把要说的话说出来。

因为有了设计，连打苍蝇这样恶心的事都变得乐趣无穷了。菲利普·斯达克设计的苍蝇拍改变了我们的生活，同时也改变了我们的观念：只要有设计，无论多痛苦的事也能变成一种乐趣。

因此设计首先不是对产品的设计，而是对人类的生活方式的设计，优良的产品设计提供高品质的生活方式。

现在电器越来越多，经常会遇到电源线扭曲的情况，时间一长，稍细些的电线很容易扭断，从而产生触电的危险。国外的一家公司针对这种情况别出心裁地推出了可以转的电源插口，360度随意转。这样很简单地就解决了这个问题，让我们生活得更加方便自如。

这个人形的东西是什么？大部分人看了以后会说，不就是个衣服架子嘛，没什么特别的。这可不是一般的衣服架子，这是专门挂浴袍的，而且它的管子能自动加热，这样在寒冷的冬天洗完澡后就可以直接穿上暖暖的衣服了。设计师考虑得很周到吧？

冬天吃饭的时候你有没有遇到过这样的问题：才吃了一半，菜已经凉了，于是又热菜又热饭，吃了几口，又凉了，真是麻烦透了。看到这些扁平的盘子了吗？它们可是你的救星，有了它们，你冬天再也不用为饭菜的反复加热而伤脑筋了。这套用树脂材料做成的盘子采用的是电磁感应原理，可以自动充电、自动加热。你可以将需要加热的或者刚做好的食物放在上面，它能保证食物不会变冷，而且能将温度控制在 45℃，这个温度既可以加热食物又不会烫伤使用者。这会使你的厨房变得比以前更加简单，让你感觉做饭也是一种享受。

再看看未来我们的家里会出现什么样的产品吧！

让我们闭上双眼，大胆想象吧。于是设计师为工作忙碌的你设计了一张可以直接烧饭的桌子，为家务繁忙又渴望节约的主妇设计了一台不用水的洗碗机，还有……

只要有设计、有创新，我们的生活就能更加舒适。

三、创新思维的重要性

（一）创新思维的含义

人类智力活动的主要表现方式是思维。通常情况下，思维包含理性认识和理性认识的过程两个方面。抽象思维和形象思维是主要的思维类型。再现性、逻辑性和创造性是思维的三大特性。在创造性活动中所特有的思维过程就是创新思维。创新思维也是人类思维的高级过程。

创新思维是一种思维活动，它具有开创意义。创新思维的主要表现有：①新技术的发明，②新观念的形成，③新方案和决策的提出，④新理论的创建。在领导活动中，从狭义上讲，创新思维是在社会发展的分叉口所做出重大决定的表现；从广义上讲，创新思维不仅是一个新发明的完整思维过程的表现，还是思考方法和技巧的表现。政治、教育、军事决策等活动中都有创新思维的身影。例如在领导工作实践中，敢于突破原有的框架，反向思考问题，使获得的成就具有创造性和突破性的人，才是具有创新思维的领导者。

创新思维是整个创造活动的实质和核心，它的基础是各种智力与非智力因素，它是创造活动中表现出来的思维活动，这种思维活动不仅具有独创性，还可以产生新成果。

实现知识的增值是创新思维的结果，知识增值的实现一般有两种方法：①通过新的知识来增加知识的积累，②对原有的知识进行新的分解和组合。正因如此，从信息活动的角度来看，创新思维是一种思维活动，它实现了知识即信息量的增值。

创新思维的重点是突破和创新，盲目选择是万万不行的。逻辑的中断到思想上的飞跃是问题突破的表现。重新建构的基础是选择、突破。在现有的知识体系中，不包含创造性的新成果、新理论。所以，善于进行重新建构、及时地抓住新的本质是创新思维的关键点。

人类生活的每一个方面都有产品设计的渗透。产品设计的范畴非常大，大到飞机，小到锅、碗。产品设计美化、引导着生活，无形之中也影响着人们的生活。曾有人这样评价创新的重要性："一个伟大的创新是美丽而且高度智慧与疯狂的结合，一个伟大的创新能改变我们的语言，使默默无名的品牌一夜之间闻名全球。"毫无疑问，创新在产品设计中有着举足轻重的作用，将科技、工艺、有形与无形巧妙地调和起来，在产品设计中恰当地运用创新思维是设计师的核心技能之一，产品设计对创新思维的运用也是产品设计最大价值的体现。因此，在产品设计过程中产品设计水平和层次的提升与创新思维的运用密切相关。

创新思维是一种打破常规、开拓创新的思维形式，创造之意在于想出新的方法，建立新的理论，做出新的成绩。

美国工业设计协会对美国设计师的调查表明，对一个产品设计师而言，第一重要的是创造力，第二重要的是手绘能力，第三重要的是计算机辅助设计能力。

总而言之，人们在进行创新思维时必须要付出艰苦的脑力劳动。只有经历长期的探索和钻研，克服种种困难，才能真正获得创新思维成果；只有经过长期的知识积累、素质训练，才能具备创新思维能力。推理、直觉等思维活动在创新思维过程中是必不可少的。在产品创新设计中，创新思维活动是不可或缺的，创造是设计的内涵，创新思维是设计思维的内涵。

（二）创新思维的特点

创新思维中"创"是内涵，其核心理念在于创新。那么，什么是创新呢？一切"创新活动"的起点、动力都是创新。创新是思维的闪光点，创新是独一无二、独具特色的。不能让规则限制我们的思维，我们要以各项规则作为创新的参考，在做创新联想时一定要做到"舍得"。

"意"就是"意象"，即"具体表象"，由于不断渗入主体的情感和思想因素，成为既保留事物鲜明的具体感性面貌，又含有理解因素，浸染着情绪色彩的具有审美性质的新表象，即"审美意象"。创新作品作为审美对象的建构载体，"意象"自然也就成为艺术家创新思维的基元，成为"生活"经过艺术家的审美认识在心灵中得以存在与积累的载体。

设计的一个重要原则是"以人为本"，研究人与机器、人与自然的关系，通过设计使产品的功能、结构、色彩及环境条件等更合理地结合在一起，满足人们物质及精神的需求，与此同时，设计的过程也是一种新的生活方式的创造过程。发现和改进不合理的生活方式是设计的本质，它可以使人与环境、产品更加和谐，从而实现对资源的合理利用。

由此可见，人的思维水平是设计的本质力量，人的设计思维是思维方式的延伸。

第二节　产品创新思维的形式

一、创新思维的特征

（一）科学性

产品设计思维的科学性表现为一种理性，即尊重设计物化为产品过程的客观规律。生活是艺术作品设计的来源，同时，艺术作品的设计也都离不开对客观规律的探索。

（二）形象性

事物本身没有情绪，如线条、色彩等，但是由于人们经验的不断积累，事物也被我们赋予了情绪。例如，粗线会给人坚实的感觉，细线会给人纤柔的感觉；不同的颜色也有了不同的情绪象征意义。美与丑、和谐与冲突之间差异的判断是每一个人都应具备的能力，这种能力与知识性的思考存在显著的差异，可以称之为"形象思维"。成功的设计者思索点、线、面的构成利用的是"形象思维"，从而设计出优秀的作品，即那些可以有效地唤起美感体验的作品。

（三）丰富性

设计的创意灵感来源于多种渠道，其思维的特征是丰富的理念。设计的出发点应当是生活中比较细微且关键的方面，表现设计的创意应当用一种比较简单随意的表达方式，使生活简单化和情趣化。

（四）独创性

创新思维贵在创新，它的创新可以体现在思路的选择上，可以体现在思考的技巧上，还可以体现在思维的结论上。创新思维应当具有独创性。一个人是否具有创新思维通常体现在以下方面：①对事物是否具有浓厚的创新兴趣，②是否善于超出思维常规，③是否拥有重新认识处于发展中的事物并寻求新的发现的能力。

（五）灵活性

现成的思维方法和程序在创新思维中并不适用，所以创新思维没有固定的框架。进行创新思维活动的人在解决问题时，其方法是多方位的，如此一来，创新思维活动就会呈现出各不相同的结果。在一定的原则界限内，人们进行自由选择、发挥等也是创新思维灵活性的表现。

（六）艺术性

创新思维活动具有开放性、灵活性、多变性，想象和直觉常伴随着创新思维活动的发生。从特点的角度来看，创新思维活动与艺术活动有相似之处，其中都包括非理性活动（直觉、想象等），可以充分发挥自己才能的活动就是艺术活动。与艺术活动相同，创造性的领导活动只能模仿活动的实际实施过程，而难以模仿其内在。正因如此，创新思维被称为高超的艺术。

（七）风险性

创新思维活动是一种具有风险性的、探索未知的活动，它受到事物的发展、实践的条件、认识的水平等多种因素的限制和影响，这就说明创新思维成功的概率并不是百分之百。创新思维活动对传统势力、偏见等的冲击也体现了创新思维的风险性。创新思维活动的成果会威胁到传统势力、现有权威，所以传统势力、现有权威会对创新思维活动的成果加以抵触，以便维护自己的发展。

二、创新思维的作用

（一）不断提高人类的认识能力

在创新思维活动及过程中，创新思维能力是无法模仿的，它是一个人内在的东西。人们要想获得创新思维能力，必须要依赖于：①对历史和现状的深刻了解，②平时知识的积累、拓展，③敏锐的观察能力，④分析问题的能力，

⑤人生的经历。创新思维的过程也是锻炼思维能力的过程，对未知世界认识的获得，需要人们的思维方法、思考角度都具有独创性，并能正确、有效地观察、分析、解决问题，在此基础上，提高人类的认识能力，所以，创新思维在提高认识能力的过程中是必不可少的。

（二）为实践开辟新的局面

在创新思维的独创性与风险性的驱使下，人们具有了敢于探索和创新的精神。人们开始不满足于当前已有的知识和经验，总是竭尽全力地去探索客观世界中未知的本质和规律，并在此基础上进行开拓性的实践。

未来人类的主要生活方式和内容都是创新思维的结果。随着人工智能的推广和应用，可以利用人工智能去完成一些简单的、具有逻辑性的思维活动。这样，就可以将人从简单的脑力劳动中解放出来，使人类参与创造性思维活动的精力更加充分，从而使人类文明达到一个新高度。

三、创新思维的主要形式

（一）科学思维与艺术思维

科学与技术是两个不同的概念，技术往往是一种方式、过程和手段；艺术既可以是方式、过程和手段，又可以指艺术品、艺术现象。技术是创造表现形式的手段，是创造感觉符号的手段。

千百年来，无数人看到苹果落地，但是从未有人考虑过这一现象与月球绕地球转动之间的关系。只有牛顿思考了这个问题，并运用精密的计算和逻辑推理后形成了万有引力定律。法国印象派画家莫奈在谈到自己的创作经验时曾说："当你出去画画时，应当试着忘掉你眼前所看到的对象，一棵树、一栋房子、一片田野或无论其他什么东西。只是想着这里是一小块蓝色，这里是一个椭圆形的桃红色，这里则是一种黄色条纹。在画它时，恰如它也在看着你一样，确切的颜色随之形成，直到它在你面前产生出朴实自然的景物形象。"不难看出，艺术思维的成果是丰富的、富有魅力的，能带给人前所未有的体验。画家通过视觉语言来表达思想，而音乐家以听觉的方式表现世界，文学家则以语言描绘人物。因此艺术思维的材料反映了事物属性的各种表象。但是，整个艺术思维又离不开科学思维的指导，灵感并非凭空而来的，而是在经验或长期的逻辑分析的基础上形成的。

（二）理性思维与感性思维

马克斯·韦伯曾经说过："所谓的理性，简要地说，就是人们强调经过理性的计算或推理，用适当的手段去实现目的的倾向。或者说，理性是指为达到一定的目的，解决一定的问题，人们使用冷静、客观和准确的计算，利用已获取的信息或统计资料，对目的和手段进行分析，以求得最佳最适的手段或解决办法，有效率或有效地达成目的。感性就是人们在实践过程中通过感觉器官所获得的认识，是对所有信息和资料直接的、具体的认识。"感性思维的高级阶段是理性思维，理性思维是以感性思维为基础的，感性思维与理性思维你中有我，我中有你，两者相互转化、渗透。

在感性知觉的启发引导下，产品创新设计中的理性思维可以通过实践对设计师的感性直觉、灵感进行检验、深化和发展，从而对产品设计的原则、程序步骤进行客观的把握，逐步实施具体的产品设计。从大体上看，设计表现形式的步骤为，构想→草图→分析→定稿，其中，感性思维下的产物是"构想 + 草图"，理性思维下的产物是"分析 + 定稿"。简单来说，感性思维即概念，理性思维即方法论，两者之间是相互影响、相互制约的。

（三）解构重组

思维是原因，方法是结果。但是在设计中，方法却可以反作用于思维的方式，已知事物的因果关系，由"果"去发现新的"因"。弗朗索瓦·罗贝尔曾说"我对它们的不同形状很感兴趣，也好奇于人们如何用他们的想象力去找到解决他们遇到的问题的方法"。德里达主张："从某个理论当中抽出一个典型的例子，对它进行解剖、批判、分析，通过自我意识确立对于事物真理的认识。"

第三节　产品创新思维的分类

一、列举创新

（一）列举创新的内涵

一一列举行为、想法或事物各个方面的内容并进行创新，就是列举创新，如图 4-1 所示。列举者可以分解对象，使其拆分成单个要素，这些单个的要素可以是事物的组成元素，可以是事物的特性，还可以是该要素所包含的各种形态。列举者可根据拆分后的要素，产生全新的方案。

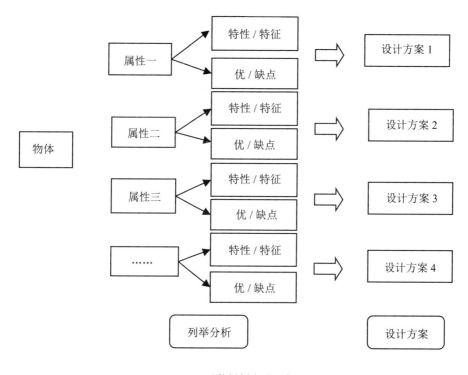

4-1　列举创新方法图解

（二）列举创新的方法

常用的列举创新方法包括属性列举法、希望点列举法、缺点列举法。

1. 属性列举法

任何事物都具有其内在属性，完美的事物并不多见。属性列举法是将事物划分为单独的个体，然后逐一进行击破，它是一种化整为零的创意方法。某些研究对象呈现的看似微不足道的矛盾，却能改善小问题，从而体现设计师的人文关怀。

例如，我们对目前的挂钩属性进行列举分析，发现目前的挂钩不方便外出携带，不能满足特定场景的需求，如酒店、郊游等。因此，将传统的硬质挂钩设计为带有黏扣的柔性挂钩，可折叠收纳，便于外出携带。

2. 希望点列举法

人们始终在追求完美，在使用产品的过程中，用户常常会对产品抱有自己的期望。在人永远不满足的生理和心理的背后，隐藏的是事物不断涌现的新矛盾。希望点列举法不是改良，它不受原有产品的束缚，而是从社会和个人愿望出发，主动、积极地将对产品的希望转化为明确的创新型设计。

例如，莫尔斯发明了电报，但还需要将文字译成电码，再由电码译出原文，有时还会译错、发错。人们就想，能够直接用电传送人的语言吗？经过20多年的探索，终于由亚历山大·贝尔实现了电话的发明，改变了人们的生活方式。再如，当人们拥有马车时，希望能够跑得更快，于是，汽车出现了，改进了人们的出行方式。

许多产品都是根据人们的"希望"设计出来的。在用户、设计师以及社会的希望下，设计师发挥主观能动性进行创新设计。例如，人们希望能够有一个放置湿淋淋雨伞的器物，于是，伞架设计出来了；人们希望拥有随身携带可快速为手机充电的"充电器"，于是，移动电源应运而生；常常旅行的人希望可以将必备物品尽量缩小，于是，出现了折叠牙刷、折叠梳子等可减小体积的物品。

3. 缺点列举法

对现有事物的缺陷进行发现、挖掘，列举现有事物的具体缺点，然后针对这些具体缺点，设想合理的改革方案，最终实现缺点的有效解决以及创新目标的确定。缺点解决意味着产品改良设计的创新主题应当选择那些亟待解决或易于下手且实际意义丰富的内容。设计师要注重练习对事物主要矛盾的发现能力，并以主要矛盾为关键进行相关产品的设计。

如工人用扳手拧螺母是一件十分平常的事，可由于螺母有不同的规格，因此工人在实际工作时需要时不时地更换工具，这样不仅麻烦且效率十分低下，可人们却对此习以为常，然而，有个设计师却针对这个现象设计了"多螺母扳手"，一把扳手可拧3种螺母，十分实用。

人们在进行产品的设计制造时，出现各种缺点的原因有以下几点。

①局限性。设计人员在进行产品设计时可能局限于产品的主要功能而忽视其他重要的方面。

例如，随身携带的保温杯，保温、便于携带是它的主要功能及优点。但是，当我们外出用它来泡茶喝时，却发现没有专门浸泡茶叶的地方，非常不方便，这是其局限性。因此，根据其缺点，设计师设计出了"泡茶保温杯"，分为上下两个开口，下面放置茶叶，上面可打开喝水。

②时间性。随着科技的进步和时间的流逝，有些产品在功能、外观、安全性等方面变得非常"落伍"。面对习以为常的事物，如果我们能够做到"吹毛

求疵"，找出各个方面的缺点并积极地寻找解决的办法，然后通过新的设计方案不断地进行革新，最终才能创造出新的成果。

例如，在社会的发展中，大众的审美趣味会发生改变，产品的造型、色彩、材质、功能等会存在与用户需求不符的情况。因此，设计师需要及时发现产品的不足，并加以调整以使产品更加完美。

③空间性。产品在特定的使用场景会有其专属功能，随着使用场景的转化及用户需求的转化，产品出现不适应的状态，缺点便暴露了。

例如，一把满足日常需求的雨伞，当骑自行车时再使用，就会发现使用不便；一把家用的椅子，当外出野炊时携带，便不合时宜了；当把成人用的餐具给儿童使用时，显然是不方便使用的。因此，随着产品使用空间、场景的改变，产品属性及功能也会发生变化。

在缺点列举法的应用中，通常就是去发现事物的缺点，并找到解决方法，其具体步骤如下。

①了解产品，找到其缺点，可从产品外观、功能及操作方式等方面入手。

②对缺点进行分析，找到解决方案。

③产品优化设计。

生活中，一般的袋装洗手液都是方形的，不可避免地会给用户造成不便，即其中的液体不方便灌入瓶中，在倾倒时，总是会洒漏。日本著名女设计师柴田文江将洗手液的包装设计成三角形，犹如中国传统的漏斗，在使用时，打开三角形下方的开口，则很容易将内部的洗手液倒入瓶中，不至于洒落，可谓贴心的小设计。同时，三角的形状，也方便使用者抓握。材质上，采用了较厚的纸盒包装，而不是塑料袋包装，也是出于使用的便利性与安全性的考虑。

（三）列举创新的应用方法

1. 集体讨论——创意发动机

集体讨论的具体流程如下。

①明确主题，召开列举创新讨论会议。每次会议可有 5 ～ 10 人参加，确定一位会议主持人。

②会前由主持人选择一件需要创新设计的产品作为主题，通常情况下，外向型主题比局限性的内向型主题更容易激发创意。

③积极讨论，激发创意。参会者围绕主题展开讨论，鼓励大胆创新，可以将每个人提出的列举点写在便签纸上，并贴在黑板上。

例如，根据上述流程展开对"雨伞"的列举创新：如果雨伞带有烘干功能

就更加方便了；太阳伞与雨伞结合，可以不用买两把伞了；雨伞的大小可以调节就好了。

④计算会议的创意数量，讨论出产品 50 ～ 100 个创意点，即可结束会议。

⑤会后整理会议中提出的各种列举创新点，然后深入研究可能实现的创意，并制定产品开发方案。

2. 学会观察，发现问题

设计师应当敏锐地观察生活中的细微之处，并进行主动的思考、积极的实践。从表面来看，"观察"就是观看、洞察，但是观察除了是一个看的过程，也是一个发现问题的过程，还是一个创造新产品的过程。观察本身就是一种体验，著名设计公司 IDEO 的设计与创新活动实际上是一个观察活动。"用动态的眼光看产品"，将名词变成动名词也许会发现意想不到的问题。例如，在手机设计过程中，用关键词"使用手机"代替"手机"。

（四）列举创新课程作业

课题：选取生活中你熟悉的一种产品，如台灯、自行车等，运用列举创新的方法，进行创新设计。具体要求如下。

①选取熟悉的产品，对其进行优点、缺点列举，发现设计契机。

②提出 5 ～ 10 个解决方案，用简单的草图或文字表现。

③选取最具有价值的一个方案，进行深化设计。

二、组合创新

（一）组合创新的含义

将现有的科学技术原理、现象、产品或方法进行组合，从而获得解决问题的新方法和新产品的思维方法，称为组合法。例如，现如今的手机是打电话、拍照、上网等功能的结合体。菊池诚博士说过："我认为搞发明有两条路，第一条是全新的发现，第二条是把已知原理的事实进行组合。"组合创新可以将有一定关联的两种或多种产品有机结合或者以一种产品为主把其他产品的不同功能移植到这种产品中，组成一种新的产品，新的产品具有全新的功能或令使用者使用起来更加便捷。

例如，作为瑞士象征的瑞士军刀是组合创新的典型产品。它具有超乎想象的功能组合，如"瑞士冠军"长 9.1 cm、宽 2.6 cm、厚 3.3 cm，但在如此有限的尺寸内紧凑设置的功能有 32 项之多，几乎可以满足人们在外旅游、宿营、考察或探险等各种户外活动的需要，而产品的重量也只有 185 g，轻便，便于携带。

（二）组合创新的误区

在进行组合创新的过程中，应避免以下误区。

①组合创新不是将毫无关联或不相干的产品硬性结合，甚至生搬硬套。

②并不是所有的新组合都是创新，创新的组合应该是那些与现有的某些产品或技术有较大区别并具有一定价值的组合。

（三）组合创新的方式

组合创新的方式有很多种，如不同功能的产品可以进行组合、不同材料或加工工艺的产品可进行组合、不同技术的产品也可进行组合。对组合创新的方式进行分类，可以分为同类组合和异类组合两种。

1. 同类组合

同类组合是组合法中最基本的类型。我们可以将两种或更多种相同或相近的技术思想或物品组合在一起，获得功能更强、性能更好的新的产品。例如，情侣对梳就是将两把梳子进行组合，可以拼出其他图案，如蝴蝶、爱心等，从而变得具有趣味性。

2. 异类组合

异类组合分为材料组合、功能组合、技术或现象组合等多种形式。

（1）材料组合

现有材料不能满足产品创新需求或具有某种缺陷，而与另一种不同性能的材料进行组合创新。

（2）功能组合

将两个具有不同功能的产品进行组合形成新的产品，使其拥有两个产品的共同优点。

（3）技术或现象组合

将不同的技术原理结合，并应用于产品设计中。日本索尼公司研究所山田敏之研制的著名磁半导体，就运用了技术组合的方法。他把"霍耳效应"与"磁阻效应"两种物理现象组合，最后取得成功。

例如，水域救生系统 Life light 是一款利用海水来提供电能，并结合 LED 照明技术设计的产品，它可以在黑暗的夜里依旧发出明亮的光，为海上游泳者提供安全保障。

又如，由安吉拉·詹森设计的这款名为"轮廓"的磁悬浮台灯就是结合了磁悬浮技术与 LED 照明技术，其整体造型给人一种复古与时尚的感觉，灯光亮度可通过轻触来调节。

（四）组合创新课程作业

课题：通过设计调研，确定一个设计对象，运用组合创新的方法，进行创新设计。具体要求如下。

①选取熟悉的产品，对其进行组合创新，发现设计契机。

②提出 5 ～ 10 个解决方案，用简单的草图或文字表现。

③选取最具有价值的一个方案，进行深化设计。

三、仿生创新

（一）仿生学与仿生设计

在仿生学的第一次会议中，仿生学被定义为"模仿生物原理来建造技术系统，或者使人造技术系统具有类似于生物特征的科学"。

自问世以来，仿生学的研究内容和领域迅速扩展，产生了众多的学科分支。无论是宏观仿生学的研究成果还是微观仿生学的研究成果都为人类科学技术的发展和生活水平的提高做出了巨大的贡献。例如，鲁班被锯齿状草叶割破皮肤后，受到启发，进而发明了锯子；亚历山大·贝尔根据耳朵的生理构造，想到声波引起耳膜震动，进而引起听小骨运动，把声音传入耳内的原理，从而发明了电话；设计者通过模仿人的手和臂，设计了挖土机；青蛙对运动物体有特别的察觉能力，设计者仿照它研制了蛙眼电子器，用以监视机场的飞机起落。

在某种意义上，仿生设计也是仿生学的一种延续和发展，一些仿生学的研究成果是通过工业设计的再创造融入人类生活的。模仿生物的特殊本领是仿生设计的主要内容，设计者利用生物的结构和功能原理来进行设计，主要包括形态、功能、色彩、结构等方面的仿生设计。

（二）仿生设计的内容

1.仿生物形态的设计

仿生设计的主要内容是仿生物形态的设计，仿生物形态的设计不仅强调生物外部形态美感特征的表现，还强调人类审美需求的表现。仿生物形态设计的主要内容如下。

①记录、描绘与抽象、概括生物的形态特征。

②直接模拟生物的形态特征。

③生物形态特征的间接模拟与演变设计。

例如，蛋椅是为了哥本哈根皇家酒店的大厅以及接待区而被设计出来的。当时，雅各布森在家中的车库设计出蛋椅，这个卵形椅子从此成了丹麦家具设计的样本。蛋椅独特的造型帮助人们开辟了一个在公共场所不被打扰的空间。

再如，吉利熊猫汽车的造型融入国宝"大熊猫"的元素，整体造型十分圆润。前大灯有一圈黑色轮廓，模仿了大熊猫的黑眼圈。尾灯则设计成一大四小的 5 个灯组，模仿了大熊猫的脚印。

2. 仿生物表面肌理与质感的设计

多种多样的生物肌理存在于大自然中，一种生物可能拥有多种各不相同的色彩、花纹与肌理。随着现代技术的发展，人们对自然科学的重视程度越来越高，但迄今为止仍仅研究了其中微不足道的一小部分，还有大量有趣的、未知的魅力肌理有待人类研究及利用。

自然肌理是设计模拟素材的一种处理手段，是对物体表面质感特性的全面体现，是被设计物的品质及风格的一项不可或缺的视觉要素，其成功的运用甚至能被人们作为特定的风格及样式所肯定，并将它作为时尚前沿的组成部分。仿生产品设计的重要内容是生物肌理与质感的利用。

例如，瑞士洛桑艺术与设计大学的毕业生邓绮云设计的这款名为 Graft 的餐具，是由生物塑料 PLA（一种基本由植物提炼而成的材料）制成的，其表面充满着自然植物的肌理美。

3. 仿生物结构的设计

结构仿生设计通过对自然生物由内而外的结构特征的认知，结合不同产品的概念与设计目的进行设计创新，使人工产品具有自然生命的意义与美感特征。

所谓产品的结构，指的是用来承受物体重量和支撑物体的一种构成形式。任何形态都需要一定的强度、刚度和稳定的结构来支撑。鲁班根据野草的锯齿结构发明了锯子，在很大程度上提高了伐木工的工作效率，可见，结构与功能之间的关系难以分割，二者相辅相成，缺一不可。

四、模仿创新

（一）反求创新

反求创新是模仿创新的一个重要手段，是对先进技术消化吸收的一系列工作方法和技术的综合过程。一般情况下，反求创新要经历以下三个过程。

①引进技术的应用过程。

②引进技术的消化过程。

③引进技术的创新过程。这一过程是反求创新的最后的重要阶段。

反求创新应当注意以下问题：探求原产品的设计思想，对产品的材料进行分析，对产品的工作性能进行分析。

日本的钢铁公司从国外引进高炉、连铸热轧冷轧等钢铁技术，几大钢铁公司联合组成了反求工程研究机构，经过消化吸收改造和完善，建立了世界一流水平的钢铁工业，在反求创新的基础上，创新设计出了国产转炉，并向英、美等国出口。

反求创新有已知产品或设备的反求创新、已知技术资料的反求创新两种形式。

1. 已知产品或设备的反求创新

已知产品或设备的反求创新又叫作实物反求创新。一般情况下，已知产品或设备的反求创新要经过准备阶段、功能测试阶段、功能分析阶段、设备分解和草图绘制阶段、设计思想反求阶段、材料和技术条件反求阶段、反求设计阶段、产品试制阶段等过程。

2. 已知技术资料的反求创新

已知技术资料的反求创新又叫作软件反求创新，它的难度比已知产品或设备的反求创新要大。其目的是探索和破译其技术秘密，再经过吸收、创新达到发展的目的。

（二）补偿模仿创新

我们经常碰到这样的事情，当某件事物的缺点和另一事物相结合时，缺点有可能变为优势。有时叠加两个事物的缺点，也可能使一个很有特点的事物产生。例如，爱迪生发明的医学上的无影灯就是利用了补偿模仿创新法。在爱迪生 11 岁那年，他的母亲得了急性阑尾炎，必须在晚上动手术，当时只有蜡烛，烛光会产生影子，于是他卸下自己家的大镜子，到邻居家借了 3 面镜子，在四周点起了蜡烛，这样几只蜡烛的光线互相补偿，就能够看清楚了。盖博也是利用补偿模仿创新法发明了全息成像。普通镜子的成像是反的，原来的显微镜成像也是这样。盖博在研究如何改善电子显微镜的成像问题时，运用了互为补偿模仿创新法，他首先利用一个不佳的成像系统获得一个失真的像，然后让这个失真的像第二次通过同样不佳的成像系统，这样就得到了一个质量很好的图像。

（三）移植模仿创新

移植模仿创新就是将用于某一产品设计中的技术移植到新的产品中，它是指将被模仿产品的新原理、技术方法或其他结构移植到目标物上。科学研究中每提出一种新的原理，都伴随着技术上的变革、方法上的突破和结构上的更新。在行业之间发展不平衡、技术水平上存在差异的情况下，设计师可以根据设计对象的性能特点，根本地变革和移植既有设计的基础部分，再加以具体的拓展和完善，构成一种性能特点变异的创造性设计思路及其总体方案。移植模仿创新有以下几个方式。

1. 原理移植创新

将某种事物的工作原理转移到新的事物上就叫原理移植创新。例如，法国的雷内克发明的听诊器，就是他在看到孩子们在游戏中用耳朵贴在木头上能够听到另一端传来的声音后受到启发，将木头传声的原理应用到听诊器上，专门制成了一根空心的木管用来听诊。又如，音乐家布希曼看到有人用两张纸片一上一下地贴在木梳上，把木梳放在唇边能够吹出声音，他将这一原理移植到乐器上，综合中国古筝和罗马笛的发声原理，发明了口琴。

2. 方法移植创新

将用于某一事物或产品上的方法移植到新产品中，叫方法移植创新。例如，将军事上应用的激光技术应用于医疗，就产生了激光手术刀，移植到民用品上，就设计出了激光切割设备；将飞机的"黑匣子"技术移植到火车、轮船和汽车上，便产生了新的交通实况自动记录装置。国防上采用核裂变原理制造原子弹，将这一方法移植到民用技术上便产生了核能发电厂，用于医疗技术上便产生了放射性治疗方法。

3. 结构移植创新

从某一事物或产品的外形、相貌出发，将其移植到创新产品上，就叫结构移植创新。例如，从积木结构出发，人们开发出了组合机床、组合家具；将桥的结构移到屋顶上，产生了巨型无梁大堂。

4. 特性移植创新

从某一事物或产品的特性出发，将其移植到创新产品上就叫特性移植创新。例如，有一种叫山牛蒡子的植物，它的果实带着毛刺，既能够牢靠地黏在其他东西上传播，又能受到外力作用而与载体脱离。有一位工程师由此受到启发，将其特性转移到衣服和鞋帽上，研制出可以自由分离和黏合的尼龙搭扣。上海网球厂的设计人员将尼龙搭扣的特性移植到健身器材上，创造性地设计和开发了一种娱乐性的球：将两块布满圆钩形尼龙丝的靶板和绒面皮球组合，投掷时能够随意脱离和黏合。这种球一方面可以作为正式网球比赛的规范用球，另一方面可以作为健身运动和娱乐活动用球。

5. 材料移植创新

将用于某一产品的材料应用于新产品中，使得新产品在质量上发生变化，就叫材料移植创新。例如，碳素纤维钢质量轻，强度高，人们将其用于钓鱼竿，得到性能好的产品。又如，钢笔笔尖，用金做材料质量好，但是价格高，有人发现用于家用厨具的聚四氟乙烯的材料性能优异，强度好，不粘墨水，字迹非常流畅，于是将这种材料用于制作钢笔笔尖，结果性能大大提高而且价格便宜。

五、联想创新

（一）类比联想创新

类比联想创新是运用类比联想的思维方式，开发性地重新组合既有设计，又根据实际情况和具体需要加以调整、改造、完善，构成一种崭新的创造性设计的思维方法。它是借助两个事物之间构成的具体对象的某种同构关系，直接从一个对象的已知属性推导出另一个对象的对应的未知属性。在这里，它只是涉及两个同构事物的组成元素以及它们所包含的基本关系之间并列的对应关系。当然，这种同构对应关系不是指表面形态的简单相似，而是指事物深层联系的结构相似。这是一种由个别的具体事物推导到另一个个别事物的思维方法。

例如，有个叫方黎的同学，在上体育课时看到全班几十个同学共用一个篮球架练习投篮，于是想设计一个可供几个同学一起练习投篮的球架，于是她整天在思考这个问题。有一天她和同学去吃早点，四个人各坐方桌的一边。突然，她有了一个好主意，就是设计出一个东、南、西、北四个方向都有篮球筐的球架。她回家后和她妹妹说起来这个想法，她妹妹建议她设计一个低年级用的篮球架。于是在确定球架高度上又使她为难了。这时她无意中看到落地扇能够调节高低，于是她得到启发，就这样一个可升降的供多人投篮的篮球架被发明出来了。方黎同学由方桌受到启发，触类旁通地联想到了四方形球架，她又由落地扇联想到了篮球架的高度升降问题。

由此可见，运用类比联想具有不少好处。

第一，可以由此及彼连续不断，充分地更新和开发既有的设计、设备、技术、工艺和材料，投入少，设计周期短。

第二，它的适用范围很广，大到根本变革，小到技术改良。

第三，简单易行，从已知事物或既有设计的某个侧面如特征、形态、色彩、结构、功能、机理入手，都可以推导出不同程度的创造性设计或改良性设计。

运用类比联想创新时应注意的问题。

第一，要仔细观察，勤于思考，善于找出已知物和未知物之间的联系。

第二，在发现事物之间的联系后，要从不同方面和不同层次以不同方式和不同手段进行连锁式的系列创新和开发。

类比联想创新常用的有以下几种方法。

①直接类比法。在自然界或者已有的成果中寻找与创造对象相类似的东西。

②拟人类比法。在创造发明活动中将创造对象拟人化。例如，机器人的设计，就是设计者从人体的动作中得到启发使机器人能模拟人的动作。

③因果类比法。同一种因果关系可能存在于两个事物的各个属性之间，正因如此，我们可以通过一个事物的因果关系得到另一个与之相关的事物的因果关系。例如，将发泡剂加入合成树脂中，使合成树脂布满许多微小的孔。因此联想到在水泥中加入发泡剂使水泥能变得既轻又有隔热隔声的功能。

④象征类比法。就是利用具体事物来表示某种抽象概念，这一方法多用于建筑设计领域。

⑤对称类比法。许多事物具有对称性，我们可以通过对称类比联想，创造出全新的东西来。例如，很多人认为化妆品是女士专用的，有人利用对称类比法，开发出了男士化妆品，结果投放市场后大受欢迎。

（二）对比联想创新

依据事物之间在某个方面存在着的互不相同或相反的情况在头脑中进行联想，从而引发出某种新的设想，这种联想被称为对比联想。利用客观事物之间的相对或相反关系进行联想，可以帮助我们由想到一个事物便很快地联想到与之相对或相反的另一个事物，由想到事物的一个方面便很快地联想到与之相对或相反的另一个方面。

19世纪德国医学家罗伯特·科赫在医学实践中认识到，必须对病原细菌进行全面深入的研究，才能设法消灭病原细菌，防止人体受到感染，但是，在当时的条件下，体积极其细小、又透明无色的细菌，即使是用最精密的显微镜也不可能清楚地观察和分辨各种细菌的形状和特征。他一直在思索却得不到恰当解决的办法。有一次，天空突然转阴，随即下了一场大雨。在下雨的过程中，他发现天空中的闪电十分明亮耀眼，他觉得是天空的阴云使得人们能够看清楚闪电。由此他得到启发，把无色透明的细菌放在一种深色的染料中就可以观察清楚了。他先后用了很多染料，效果都很差，后来他向一位化学剂师请教，人家告诉他有一种叫苯胺的蓝色染料很好，经过试验终于获得成功。

科赫由闪电出现在阴云密布的天空联想到可以将透明无色的细菌放在深色的染料中观察，他所运用的是对比联想创新法。

（三）连锁联想创新

连锁联想指在头脑中按照事物之间的这样或那样的联系，一环紧扣另一环地进行联想，使思考逐步前进或逐步深入，从而引发出某种新的设想来。

千变万化的客观事物，正是由于组成了一串串彼此衔接、彼此制约、环环相扣的锁链，客观世界才得以保持它的相对平衡与和谐。无论是自然界还是社会领域都这样，在自然界中表现得更明显。各种植物和动物都在庞大的自然界中占有一定的位置。谁在前，谁在后，谁已经出场，谁也就得跟着露面，都有一定的秩序。人们在思考许多问题的解决办法时，常常都需要根据事物之间所存在的环环相扣的衔接关系进行连锁联想，否则就可能打乱、破坏自然或社会本应具有的平衡与和谐，从而造成某种损失或灾祸。

例如，美国昆虫学家卡拉汉在研究飞蛾为什么投火时就用了连锁联想的方法。首先卡拉汉为了探索飞蛾扑火的原因，列出了最容易想到的原因，他从飞蛾投火联想到可见光，即有可能是可见光的吸引，但是他反问为什么飞蛾对点燃的木材没有多少兴趣，经过分析，他认为在烛焰之中除了可见光外，必定还有其他的东西。

他推测是红外线，经过实验发现有70%的飞蛾受到红外线的吸引，而且是清一色的雄蛾。他又进一步联想到为什么飞蛾会对蜡烛感兴趣，经过研究，他了解到蜡烛中有种叫蜂蜡的成分是飞蛾也具有的物质，同时由实验的结果联想到雄蛾这一事实，于是他推测可能是由于蜂蜡这种物质能够对雄飞蛾产生刺激，也许是飞蛾为了求偶而做出的反应，后来他通过实验证实了他的推断。由现象到本质，由猜测到证实，卡拉汉通过连锁联想的方式得到了最后的结论。

（四）跨越联想创新

跨越联想是指在头脑中可以从一个事物的形象的某一点联想到与之似乎没有任何联系的另一个事物形象，从而使思考活动大跨度跳跃，以引发某种新的设想。利用这种联想方式往往可以在一般人认为纯属风马牛不相及的事物形象之间建立某种联系，从而使人的视野得到扩展，奇迹般地引发令人惊异的奇特设想。

第五章　产品设计的创新方法

产品设计的过程可以看作发现问题、分析问题和解决问题的过程，同时它又是一个创新的过程，任何创新都是基于一定的创新思维基础的。熟练掌握设计方面的创新思维，可以为创造能力的培养奠定基础，并且这也是设计师必备的素质之一。合理可靠的创新思维会对创造优秀的产品设计产生积极的影响。因此，在产品设计的过程中，要注意创新思维的培养，不断寻找切实可行的创新方法，从而设计出更加出色的产品。本章主要讲产品设计的创新方法，分为设问法、头脑风暴法、思维导图法、TRIZ 理论四部分。主要内容包括：设问法的具体形式、头脑风暴法的基本流程及应用实例、思维导图法的定义及具体形式、TRIZ 理论中的设计原理等方面。

第一节　设问法

设问法的具体形式包括以下几个方面。

一、"5W2H"法

发明者用 5 个以 w 开头的英语单词（Why，What，Who，When，Where）和 2 个以 H 开头的英语单词（How，How much）进行设问。所谓的"5W2H"法，就是指通过发现解决问题的线索、寻找设计思路，进行相应的设计构思，然后在此基础上推动新的发明设计产生。

对于发现和解决问题来说，提出疑问是非常重要的。如果一个人的创造力较高，那么他往往会具有善于提问题的能力。我们都知道，一个好的问题的提出，就意味着问题的一半已经得到了解决。高超的提问技巧可以使人的想象力得以充分发挥。反之，某些问题提出来，也可能会挫伤我们的想象力。在设计新产品的过程中，发明者常常提出"为什么（Why），做什么（What），何人做

（Who），何时（When），何地（Where），怎样（How），多少（How much）"一系列问题。这就构成了"5W2H"法的框架。如果提出的问题中常有"假如……""如果……""是否……"这样的虚构，就是一种设问，设问需要更高的想象力。

在发明设计中，对问题不敏感，看不出毛病，与平时不善于提问是有密切关系的。新的知识和疑问可能会在对一个问题进行深入追究的过程中被发现。因此，要想学会发明设计，就先要学会提问和善于提问。阻碍提问的因素：一是怕提问多，被别人看成什么也不懂的傻瓜；二是随着年龄和知识的增长，渐渐失去了提问的欲望。如果一个人提出的问题无法得到鼓励和回答，并且反遭他人讥讽，那么往往会导致其提问能力的发展受到限制，阻碍其创造性的发挥，同时使人在潜意识中形成一种看法：不看、不闻、不问才是最好的做法，喜欢提问的人总是容易惹人讨厌。

下面说明"5W2H"法的应用程序。

①检查原产品的合理性。从为什么（Why）、做什么（What）、何人做（Who）、何时（When）、何地（Where）、怎样（How）、多少（How much）七个方面出发，对原产品的各方面特征、条件等进行提问，审查其是否具有合理性。

②找出主要优缺点。如果经过 7 个问题的审核后发现现在的做法或产品具有合理性，那么就可以认定这一做法或产品是可取的。如果 7 个问题中有一个答复不能令人满意，则表示这方面有改进余地。如果哪方面的答复有独创的优点，则可以扩大产品这方面的效用。

③决定设计新产品。设计新产品使原产品的缺点得以克服，进而使原产品独特的效用不断扩大。

二、检核目录法

每一个设计、创新，可以包括很多方面，而每一方面又都有其独特的含义、内容。这样，创新的思路亦各有所长，各有所异。针对某一方面的独特内容，把创新思路按照一定的逻辑归纳成一些用于检核的条目，在此基础上形成系统化的思路，使漫无边际的遐想得以克服，从而为人们突破原有设计、闯入新境界提供有效的帮助，这就是所谓的检核目录法。其缺点是一般难以取得较大的突破性成果，往往用于改良性产品设计等方面。

目前有许多各具特色的检核目录法，但大部分都是以奥斯本检核目录法为基础演绎出来的。奥斯本的检核目录法大致有如下几条。

①转化。尝试探索和发现新的用途和使用方式，看是否能在其他领域应用以及是否还有其他的使用对象。

例如，电吹风不但可以用于给头发造型，还可用来烘干食品、干燥被褥、消灭蟑螂等。汉代已有、唐代就开始盛行于布依族、苗族、瑶族、仡佬族等民族中的蜡染印染工艺，虽然历史悠久、工艺独特，但主要以蓝色为主，仅用以做少数民族穿戴的衣裙、包单等。而现在，蜡染已发展成多色，因而在艺术、服装、室内装饰等方面的应用日益增多，也不仅能在白布上印染，还发展到麻、丝等材料，在国内外越来越受欢迎。

②引申。试着找找类似的东西，试着模仿、借鉴，看看能否将此引入其他东西中或做相反的引申。

例如，将电子计算机引入机械。美国原有一种与我国相同的象棋玩法，棋盘四方形共 64 格，每人 16 个棋子。而在此基础上，纽约州罗切斯特大学学生进行了进一步的引申发展，创造了三人走棋法，获得了专利。他们将棋盘改为六角形共 96 格，黑、白、红三色棋子各 16 枚。可两人联攻，当一方被将死下台后，其留在盘上的残棋成为胜方的"俘虏"，胜方有权支配败方的残子，与自己原有的棋子联合一致与第三方战斗，形成两色阵容向另一色棋子猛攻的新格局，别有趣味。

③改变。试着改变事物的功能、形状、颜色、运动、气味、光亮、音响、外形和外观等。

例如，1898 年亨利·丁根将滚柱轴承中的滚柱改成圆球形，从而发明了滚珠轴承。过去，要将电动机的旋转运动变成往复运动，需用曲柄连杆机构。现在，设计师应用回旋螺纹槽的结构形式，设计出了同心轴往复运动机。又如，设计师在台灯灯座周围涂上一层导电漆，这种导电漆的绝缘电阻被控制在最佳状态，人触及后通过感应使灯座内电子电路通或断，一改传统台灯的一灯一开关形式，制造了遍体是开关的新颖台灯。

在饮料中加几块冰块使之冰镇，清凉爽口，别具风味。但冰块融化会冲淡饮料成分，真是美中不足。现在发明了塑料冰块，可扬长避短。而且，可将塑料冰块做成各种色彩，在不同的饮料中沉浮，增加了美的享受。

④放大。试着增加或者附加些什么，如试着增加使用时间、增加频率、增加尺寸和强度、增加成分，试着提高性能，试着放大若干倍看看等。

例如，在两块玻璃间加入铜丝，可做成防碎玻璃。

此外，日本本田汽车公司的 18 名设计人员联合设计制造了一辆特大摩托车，长度 6.4 米，可同时乘坐 20 人。这也是一个典型的例子。

⑤缩小。尝试着在某些方面进行缩小或减少，比如试着密集、压缩、浓缩、聚束、微化，或者缩短、变窄、去掉、分割、减轻。

例如，应用集成电路技术设计制造的袖珍立体声收录机、超浓缩肥皂粉及可以随意分合的软家具等，均是这种检核思维的结果。

⑥代替。尝试着寻找某个人代替，或者尝试用某一成分、过程、能源、声音、颜色或方法等来代替原有的成分。

伟大的发明家诺贝尔，改变赛璐珞配方，用硝化甘油代替其中的樟脑，于1887年制成了颗粒状的无烟火药，燃烧速度快而又无残渣。日本最近推出了一种纸制手表，款式新颖、价廉物美，可显示日、月及时间，每月误差仅为1秒，可用9个月左右，用完即丢。

用稀土三基色荧光粉代替卤磷酸钙荧光粉设计制造的电控式紧凑型节能荧光灯，其灯管很细，使紫外线密度增大，稀土荧光粉又使紫外线转换成可见光的效率提高，所以通过同样的电流，可发出比原有灯管强4～6倍的亮度，使用寿命比白炽灯长3～5倍。这种新颖灯具不仅节约电能，还有使用方便、装饰性强的优点，颇受消费者青睐。

⑦变换。尝试更换一下构件的顺序或者变换一下模式、序列、布置形式或改变因果关系、速率、时间等。

服装面料、花型、领子、袖口……稍做变换，就会设计出许多新颖的款式来。卡车的驾驶室原先均是固定的，为了适应不同路况特点，保证视野与安全，改变了这种模式，设计出了驾驶室可升降的卡车。

⑧颠倒。试着正反颠倒，头尾、位置颠倒，成分互换，反转使用等。

历来电冰箱的设计，都是冷冻室在上、保鲜冷藏室在下。海尔公司率先设计开发了冷冻室装配在下的电冰箱。在商标设计中，颠倒一下的想法也取得过很好的效果。世界上的名牌奶制品商标名 KLIM，即英文单词"牛奶"（MILK）的颠倒；著名的力波啤酒商标名 REEB，亦即英文单词"啤酒"（BEER）的颠倒。

⑨组合。试着将几个事物组合在一起，试着混合、合成、配合、协调、配套，试着重新排列顺序，并且看看利用现有技术能否组合成新的产品。

发明设计者将播种、施肥、锄草的功能合而为一，产生了新的农业技术。世界上先进的第五代家用多功能电脑缝纫机，可缝制波纹、网眼、脉冲型等30多种不同花型，可双针缝、单针缝、钉纽扣、缝拉链、反面缝、加固缝，还能织补、卷边、绗缝、暗缝……这也是功能、技术的组合。电热器与茶杯的组合，产生了电热杯。新一代的"蒸汽多用熨斗"，加上了干洗刷子和加水杯，既可烫平布、绸、化纤、呢绒服装，也可干洗毛料服装，还可对腰肌劳损病人进行热敷。瑞典发明了一种杂合钉，即普通钉与木螺钉的组合，前半段与普通钉一样，后半段及钉帽与木螺钉一样。这样，先用锤子钉入，再像螺钉一样旋入，既不会撕裂木纤维，又可旋紧。

三、和田十二法

我国学者许立言、张福奎借用奥斯本检核目录法的基本原理，并在此基础上加以创造，从而提出了一种新的思维技法，即和田十二法，又称为"和田创新法则"。对于奥斯本检核目录法来说，它既是一种继承，也是一种创新。同时，这些技法具有通俗易懂、简便易行、便于推广的特点，其具体内容如下。

①加一加。加高、加厚、加多、组合等。例如，把公交车加高一层，成为双层车厢。

②减一减。减轻、减少、省略等。例如，把眼镜镜片减小，又减去镜架，创造出隐形眼镜。

③扩一扩。放大、扩大、提高功效等。例如，把长舌太阳帽的长舌扩大，制成一种母亲专用的长舌太阳帽，以供母子二人一起遮阳。

④变一变。变形状、颜色、气味、音响、次序等。例如，改变漏斗下端圆口的设计，制成方口，使得灌水时水流更川畅快。

⑤改一改。改缺点，改不便、不足之处。例如，按键式手机改为触摸屏手机。

⑥缩一缩。压缩、缩小、微型化。例如，把雨伞的伞柄由一节改为两节、三节，雨伞就便携多了。

⑦联一联。原因和结果有何联系，把某些东西联系起来。例如，在澳大利亚的一片有水泥洒落的甘蔗田里，甘蔗的产量提高了50%，对此，在专家研究分析出成因后，人们研制出了改良酸性土壤的"水泥肥料"。

⑧学一学。模仿形状、结构、方法，学习先进。例如，鲁班被茅草割伤了手，于是，模仿茅草边缘的小齿发明了锯子。

⑨代一代。用别的材料代替，用别的方法代替。例如，塑料代替金属可以减轻重量，火车代替汽车可以跑得更快，银行卡代替现金可以使资金更安全。

⑩搬一搬。移作他用，如把激光技术搬一搬，就有了激光切割；照明灯搬一搬，就有了信号灯、灭虫灯。

⑪反一反。颠倒一下。如走楼梯很累，如果能让楼梯动而人不动就不会累了，由此出现了自动扶梯。

⑫定一定。定个界限、标准，能提高工作效率。企业在设计、管理、工艺、产品定型等方面制定出一定的章程和标准，保证产品的质量、数量和品种。

第二节　头脑风暴法

一、头脑风暴法的概念

如今，发明创造的活动愈加趋向复杂化，同时课题涉及的技术愈加趋向多元化，在这种状况下，单独进行思考的方式变得软弱无力，而多人参与、共同思考、完成发明创造的战术则显示出一种强大的力量。头脑风暴法（Brain Storming），又称智力激励法、BS 法、脑轰法、激智法、奥斯本智暴法等，它是由美国创造学家奥斯本于 1939 年首次提出、1953 年正式发表的，这种方法使群体智慧得以激发、创造性思维得以发展。它主要采取一种小型会议的组织形式，营造出一种自由愉快的氛围，使得所有参与者都能在其中畅所欲言，通过自由地交换想法或点子，使参与人员的灵感和创意得以激发，同时使各种设想在相互碰撞中激起脑海的创造性"风暴"。

头脑风暴法还有很多"变形"的技法。例如，与会人员在数张逐人传递的卡片上反复地轮流填写自己的设想，这被称为"克里斯多夫智暴法"或"卡片法"。又如，德国人鲁尔巴赫创造的"635 法"，6 个人聚在一起，针对问题每人写出 3 个设想，每 5 分钟交换一次，互相启发，容易产生新的设想。还有"反头脑风暴法"，即"吹毛求疵"法，与会者专门对他人已提出的设想进行挑剔、责难、找毛病，以达到不断完善创造设想的目的。当然，这种"吹毛求疵"仅是针对"问题"的批评，而不是针对与会者的批评。

二、头脑风暴法的基本流程

运用头脑风暴法解决问题的基本流程主要包括以下几点。

（一）确定议题

一场好的头脑风暴从对问题的准确阐述开始，必须明确需要解决的问题是什么，并且避免对解决方案的范围加以限制。对于不同的议题而言，其引发设想的时间长短是有差异的。当议题比较具体时，参会人员由此产生设想的时间会比较短，主持人也易于把握；当议题比较抽象和宏观时，参会人员由此产生设想的时间则会比较长，但是产生的这一设想可能会具有较强的创造性。

（二）会前准备

事先收集一定的资料分发给参与者，不仅可以提高效率，而且有助于与会人员更好地了解与议题相关的背景材料和外界动态。从参与者的角度来讲，应该在会前了解一下需要解决的问题。同时，注意把座位排列成圆环形。除此之外，在此次会议开始之前，可以让大家接受一些创造力测验，由此起到活跃气氛、促进思考的作用。

（三）确定人选

每一组参与人数以 8～12 人为宜。参与会议的人员太少会对信息的交流和思维的激发产生不利的影响；而人数过多则会难以掌握，并且难以为每个人提供更多的发言机会，同时会场气氛也会因此受到很大的影响。

（四）推选主持人和记录员

要推选 1 名主持人，1～2 名记录员。在会议进程中，主持人主要负责启发引导，对会议的进程进行掌握，把一些发言的核心内容归纳起来，并且适时提出自己的设想以使会场气氛活跃起来，同时要组织大家静下心来对前面的发言内容认真思考片刻后再进入下一个发言高潮等。记录员则应该在黑板等醒目处简要记录下参与者的所有设想，让他们能够清楚地看到，并且要及时地对这些设想进行编号。与此同时，记录员也应随时提出自己的设想。

（五）规定纪律

要集中注意力积极投入，在发言时要开门见山且有针对性，避免客套和过多解释，同时也要避免私下议论和消极旁观，各个参与者要相互尊重、平等相待，切忌相互褒贬等。

（六）掌握时间

美国创造学家帕内斯指出，会议时间最好安排在 30～45 分钟。如果需要更长时间，就应把议题分解成几个小问题分别进行专题讨论。相关经验表明，一般情况下，在会议开始 10～15 分钟后，创造性较强的设想会逐渐产生。

三、头脑风暴法的应用实例

一个比较典型的应用头脑风暴法的实例就是利用头脑风暴除掉电线上的

雪。在美国的北方地区，有一年雪下得很大，天气十分寒冷，由于冰雪的积压，大跨度的电线常常出现断裂，使得通信受到极大的影响。以前，有很多人想要解决这个问题，但是都没有成功。后来，电信公司经理打算利用头脑风暴法来解决这一难题。他召集了不同专业的技术人员来参加一场座谈会，希望他们能够由此卷起"头脑风暴"。同时，要求这些人必须遵守一定的原则，具体如下。

①自由思考。即要求参与者最大限度地解放自己的思想，自由地思考问题并畅所欲言，不必顾虑自己的想法或说法是否"离经叛道"或"荒唐可笑"。

②延迟评判。即禁止参与者在会上评价他人的观点或想法，也不要发表"捧杀句"或"扼杀句"。在座谈会结束后，公司会组织专人对设想进行评判。

③以量求质。即支持和鼓励参与者提出更多、更广的设想，以此来保证质量较高的设想的存在。

④结合改善。即鼓励与会者积极进行智力互补，在增加自己提出的设想的同时，注意思考如何把两个或更多的设想结合成另一个更完善的设想。

在这种会议规则的指导下，大家开始了正式的讨论。在会上，有人提出设计专门的机器，用于清扫电线上的积雪；有人提出利用电热来融化冰雪；还有人提出乘坐直升机，拿着大扫帚，进行积雪的清扫工作。而一位工程师在听到"坐飞机扫雪"的设想后，大脑受到冲击，想到了一种简单可行且高效的清雪方法，即"用直升机扇雪"，由此引发了大家一系列的联想，提出了多种飞机除雪的设想。不到一小时，与会的 10 名技术人员共提出 90 多条新设想。

座谈会结束后，公司组织专家对设想进行了分类论证。专家们认为，清雪机扫雪、电热融雪等方法虽然可行，但周期长、费用高，难以在短时间内见到成效。反倒是那些因"坐飞机扫雪"而激发出来的几种设想，如若可行，不失为一种好的方法。经过多次试验，电信公司发现用直升机扇雪真的有效果，由此这一难题终于在头脑风暴会中得到了解决。

第三节　思维导图法

一、思维导图法的起源

思维导图法是以可视化的图表与图像为工具，呈现我们心智思维运作过程与结果的方法。

远古时期的人类就懂得将生活中的意象，在洞穴中以壁画的方式记录下来。

随着文明的进步，图像逐渐转成指意性更明确的象形文字，如"山、水"；到了近代，除了各种文字之外，还将思考的模式、因果关系、逻辑结构等，以图表方式进行记录。

因此，以可视化的"图表""图像"来比喻或象征心智思维的方法，自古即有，这是祖先累积下来的智慧，是人类共同的宝贵遗产。

过去"谁是思维导图法的发明人"这个议题，常常引起很大的争议。从上述说明中，各位应该明白，思维导图法所涵盖的内容与我们人类文明发展息息相关，是人类集体智慧的累积。

巴赞植根于讯息处理、脑细胞的结构、大脑皮质功能等元素，在《开动大脑》《思维导图宝典》等书中提出关于大脑认知与记忆的相关原理，同时引用其他学者的理论，包括 19 世纪末期德国心理学家赫尔曼·艾宾浩斯所研究的系列位置效应与遗忘曲线（Forgetting Curve）；巴赞所谓的放射性思考模式，与日本学者今泉浩晃博士从藏传佛经中成功解密曼陀罗的智慧，所提出九宫矩阵的放射性思考，在结构上非常类似；而我们祖先的智慧《易经》当中的太极思考，不仅具有放射性思考的模式，更蕴含着深厚的哲理。

由此可见，人类对提升大脑思考与记忆能力的努力，自古至今从未间断，大家都是思维导图法的共同创造者，而且处于持续创造中。

二、思维导图法的诞生

由于思维导图法是吸收信息与呈现思想的方法，那么就与我们表达意思时的语言结构有关。20 世纪 60 年代美国西北大学的柯林斯教授在从事语意学相关研究时发现，透过视觉形式的组织结构是一种有效呈现人类语法知识的方式，因此提出了"语意网络图"，由于语意网络图已经具备今天我们所熟知的思维导图的雏形，因此柯林斯也被称为"现代思维导图之父"。

尔后，英国心理学家巴赞受到一般语意学的影响，于 1971 年进一步提出现今我们所熟知的，运用到关键词、放射性思考结构、图像与色彩的思维导图，并在 1974 年通过《开动大脑》这本书正式向世人介绍被喻为大脑瑞士刀的思维导图。1991 年，范达·诺斯在《保持头脑清醒，走向成功》一书中指出：思维导图的定义是"思维地图"，意思就是呈现出大脑思考内容的一张图。

从柯林斯与巴赞的研究中，我们可以窥知思维导图的起源或其结构都与语意学有着密不可分的关系，因此透过思维导图呈现出来的内容，包括了语意及语法的知识。

三、思维导图法的定义

思维导图又称为心智图、概念图，是一种创新思维图解表达形式。它是一种表达发散性思维的有效图形思维工具，协助人们在科学与艺术、逻辑与想象之间平衡发展，进一步使人类大脑的无限潜能得以开发。而根据上述对思维导图法起源的研究，我们可以进一步理解，广义的思维导图法是一种以各种图像、图表来呈现心智程序或记录知识的方法；狭义的思维导图法则是以思维导图为工具的思考或学习方法。

在设计过程中，利用思维导图的方法进行思考具有以下作用。

①有利于拓展设计师的思维空间，帮助设计师养成立体性思维的习惯。思维导图强调思维主体（设计师）必须围绕设计目标从各个方面、各个属性、全方位、综合、整体地思考设计问题。这样，设计师的思维就不会局限于某个狭小领域，造成思考角度的定式以及思考结果的局限性、肤浅性。

②有利于设计师准确把握设计主题，并有效识别设计关键要素。思维导图可以帮助设计师从复杂的产品相关因素中识别出与设计主题相关联的关键要素，通过分析和比较各项因素的主次、强弱，从而形成完整、系统地解决设计问题的思路图，帮助思维主体（设计师）透过复杂零乱的事物的表面去把握其深层的内在本质。

③有利于设计交流与沟通。思维导图将隐含在设计事物表层现象下的内在关系和深层原因通过其特征比较和连接，以简洁、直观的方式表达出来，使受众可以迅速、准确地理解设计师思考问题的角度、范围，增强设计方案的说服力。

四、思维导图法的具体形式

思维导图法的具体形式有很多，我们常见的有直角坐标联想组合法、希望点列举法、类比法等。

（一）直角坐标联想组合法

直角坐标联想组合法即将两组不同的事物分别写在一个直角坐标系的 X 轴和 Y 轴上，然后通过自由联想的方式将其组合在一起，如果该组合是有意义并可以被人们所接受的，那么它将会成为一件新产品。

我们可以任意列举一些事物加以排列组合；可以有意识地针对某一问题将事物加以分类，并进行排列组合；还可以把某一事物的一些特性作为 X 轴，把它们的一些用途作为 Y 轴，来加以排列组合。

总之，通过这种直角坐标形式的排列方法，能提供启发设计思维的直观途径，从而促进新产品的开发。

（二）希望点列举法

希望点列举法就是把对事物的所有要求（比如"要是能够这样就好了"之类的想法）一个一个地列举出来，再从中筛选出可行的希望点，作为设计创造活动的目标。

在众多搜集希望点的方法中，最常用的有以下三种。

①书面搜集法。事先拟定目标，设计一张卡片，发给参与到创意中来的用户和设计人员，请大家提供各种不同希望的事例，然后搜集再进行整理。

②会议法。召开小型会议，由主持人宣布产品开发的课题，激发与会者开动脑筋，针对课题提出各种不同希望的功能，然后加以整理。

③访问法。派人走访用户，询问用户对现有产品有何新的功能要求，认真做记录，再汇总并进行整理。

通过以上方法，收集到各种有关希望点的资料，制定设计实施方案，然后加以研究，或者结合头脑风暴法讨论，或者将之公布于众，发动设计人员提出改进建议，使之实现。

（三）类比法

对比同类或近似的事物，并且探讨它们是否还有其他相似或类似的地方，这就是所谓的类比。在此基础上，开阔眼界，拓宽思路，由此及彼，展开联想，并从联想中导出创新的方案。

在科学史上，由于运用类比方法而获得成就的例子有很多。我们主要了解以下三种常用的类比方法。

①直接类比。收集一些事物、知识和记忆等信息，保证这些信息与主题有类似之处，进而从中得到某种启发或暗示，随即思考解决问题的办法。

②象征类比。以一种在技术上尚不完备的东西为原型，通过改进目标的确立（如为达到审美上的满足等），从中得到启发，联想出一种景象，随即提出实现该景象的办法。

③拟人类比。将主题中的事物比拟为设计者自身，然后设身处地地思考问题，以求在改进方面获得启发，想出新的解决方案。

但是，要注意类比法的运用范围是有条件的，不能过于随意地使用。

上述思维导图法在形式上虽然各不一样，但有时是可以相互交叉使用的。

五、思维导图绘制方法

在准备好的大纸或黑板的正中间绘制一幅图像或者写下一个关键词，用来表达出主题。再以对主题的理解为依据，写下或画下想到的各类信息，这就是一级信息。用小圆圈把每一个信息都圈起来，并使其围绕在主题四周，同时连接一级信息圈和中心主题。之后的过程同上，逐渐形成二级信息、三级信息等，并且把新的信息圈和上一级信息圈相关的主题相连，依此不断繁衍，就像一棵茁壮生长的大树，树权从主干生出，向四面八方发散。

思维导图强调融图像与文字的功能于一体，对思维导图来讲，关键词具有重要意义，会使其更加醒目和清晰。每一个词和图形都像一个母体，繁殖出与它自己相关的、互相联系的一系列"子代"。就组合关系来讲，每一个词都是自由的，这有利于新创意的产生。例如，主题写下了"大海"这个词，你可能会想到蓝色、海鸥、阳光、沙滩、孩子，可能会想到童话、渔民、金色、美人鱼等这些关键词。根据联想到的事物，从每一个关键词上又会发散出更多的连线，连线的数量取决于所想到的东西的数量。所以参与的人越多、学科领域越广、人员差异越大，展开空间越丰富。

托尼·巴赞在其著作《思维导图放射性思维》中，对思维导图的制作规则进行了详细的归纳和总结。根据托尼·巴赞的研究以及国内有关专家对思维导图所做的相应研究，思维导图的制作可以参考以下几点。

①突出重点。中心概念图或主体概念应画在白纸中央，从这个中央开始把能够想起来的所有点子都沿着它放射出来；整个思维导图中尽可能使用图形或文字来表现；图形应具有层次感，思维导图中的字体、线条和图形应尽量多一些变化；思维导图中的图形及文字的间隔要合理，视觉上要清晰、明了。

②使用联想。模式的内外要进行连接时，可以使用箭头；对不同的概念的表达应使用不同的颜色加以区别，以避免出现一个混乱、难以读懂的图。

③清晰明了。每条线上只写一个关键词，关键词都要写在线条上，线条与线条之间要连上，思维导图的中心概念图应着重加以表达。如果生成了一个附属的或者分离的图，那么，就要标记这个图并且将它和其他图连接起来。

六、绘制思维导图常用软件

目前，有一些软件能帮助设计者快速探索思路，如 MindManager、FreeMind 等。

① MindManager。MindManager 是一个创造、管理和交流思想的通用标准，

其绘图软件具有可视化的特点，并且拥有直观、友好的用户界面和丰富的功能，这将会在有序地组织思维、资源和项目进程方面对用户产生很大的帮助。

现在 Mindmanager 的全球用户大约有 400 万人，Mindmanager 越来越接近人性化操作使用，已经成为很多思维导图培训机构的首选软件，而且在 2015 年度 Bigger plate 全球思维导图调查中再次被投票选为思维导图软件用户首选。

② FreeMind。FreeMind 是一款跨平台的、基于 GPL 协议的自由软件，用 Java 编写，是一个用来绘制思维导图的软件。其产生的文件格式后缀为 .mm，可用来做笔记、脑图记录、脑力激荡等。FreeMind 包括了许多让人激动的特性，其中包括扩展性、快捷的一键展开和关闭节点，快速记录思维，多功能的定义格式和快捷键。

第四节　TRIZ 理论

一、TRIZ 理论的概述

TRIZ 直译为"发明问题解决理论"，由苏联发明家阿奇舒勒于 1946 年创立。TRIZ 理论是一种可遵循、可控制的用来实现快速发明创造的理论方法，也是一种解决技术冲突、提升革新和快速改进设计的强大工具。对于来自不同的冲突所造成的折中和妥协的要求，这种强有力的工具采取了拒绝的态度，始终坚持求解冲突／矛盾的辩证法，使设计精确化。

二、TRIZ 理论的基本定律

当今的 TRIZ 是一种发明创造的定性理论，并不是数学或者其他定量的理论。TRIZ 中的技术系统泛指从银河系统到基本粒子的所有的宏微观系统，它认为一个目标物体或者对象物体的发展应该遵从一定的定律。所以，为了掌握 TRIZ 的基本理论必须首先学习这些定律。

（一）可控资源变换定律

技术系统朝着利用较高的组织水平和具有可控的物质与场资源的方向发展。这一定律与系统的能量传导定律密切相关，也与构思创意想法的增多密切关联。在线性步进发动机中的工作机构是一个电磁场和与这一电磁场同时存在的信息系统，为避免干扰，利用现代无线电光学系统将该信息系统开发成可以高度组织起来的信息通道。这一创新使电子显微镜具有与一般的显微镜完全不同的功能，使电子显微镜具备研究微细物质结构的强大能力，大大地提升了人类对微观世界的观测能力和认知可能性。

当然，这一定律的简化说法是彼此相互隔绝。所以，应该整体发挥这一定律的作用和保证它真实地按照这一途径发展。这一定律利用准确地预测每项技术系统的发展趋势和对其参数的评价结果实现对发明创新进行识别的目的。

（二）从宏观到微观转变的定律

工作机构的发展首先表现在宏观尺度（宏观级）上，然后再发生在微观尺度（微观级）上。也可以将这一定律表述为，开始发生在宏观级水平上的技术系统工作机构，其系统进一步的发展将发生在微观级水平上。

在现代与未来技术系统发展的过程中，创新从宏观到微观的转变是一个重要的发展方向。其中比较典型的一个例子就是计算机的发展。如果说过去计算机的发展主要是系统宏观级上的创新与改进的话，其以后的主要发展方向已经转向芯片的微小型化和整体的小型化，即从柜式机向台式机，再到笔记本和掌上电脑的方向发展，最终可能是向更加微小型化的方向发展，直到更高性能价格比的新型计算原理的装备出现为止。

（三）系统组元发展变化定律／系统各部分不均衡发展定律

一个系统的各组成部分的发展并不均衡，并且系统越复杂，其组成部分的发展就越不均衡。也可以将这一定律表述为，技术系统组元的发展可以以不同的方式或者途径发生，而一个系统组元的变化越复杂其发展的水平就越高。

这一不均衡发展的事实是技术系统自身矛盾运动的客观反映，同时它也作为一个重要依据，推动技术系统不断地创新、发明与改进。例如，如果在自行车上安装内燃发动机，它将变为摩托车或者机动自行车。这样做使该系统各部分的发展出现明显的差异，就会引起突出的物理技术冲突，因此其他部分也将成为需要发明的任务。例如，在欧洲，汽车的一个发明项目是要求尽可能地限制和消除要求建造新公路的冲突。因为，当前世界所有大城市已经遭受到以下这三个方面问题的严重困扰：①城市的汽车产生了严重的空气污染；②缺乏足够的停放汽车的空间；③由于经常发生的交通阻塞和故障就必定引起城市交通运输速度的降低。

（四）跃变为超级系统的定律／转换成超级系统定律

如果在一个超级系统中包含作为其组成部分的系统，则有彻底研究开发的可能性，如果这样做了，更进一步的开发将发生在超级系统上。也可以将它表述为，一旦一个系统的所有发展可能性已经被用尽，它的发展就必须引入一个超级系统作为其组成部分。

上述自行车的革新事例也可以从另外一个角度进行创新或改进，即可以按照早期已经出现过的自行车对现有自行车进行改进革新，早期的自行车系统就成为革新现代自行车的超级系统。

（五）组成部分的周期协调定律 / 协调系统组元节奏定律

在技术系统的原理（法则）中，有活力（起作用）的必要条件是，系统所有的组成部分周期性（振动的频率或周期）的协调。也可以将这一定律表述为，技术系统存在的基本而必要的条件是有协调的节奏，即协调机械振动或者电磁振动的频率和功能，并协调系统各组成部分交互作用的周期性。例如，一般来说，对于照相机的光源是有一定要求的，即这一光源应是连续的光源，且其频率应该在千分之一秒级的周期内。这一定律可以称为"协调一致定律"，它要求把不协调的时间变换成协调的。

三、TRIZ 理论的核心思想

①任何产品的发展与演变都是遵循着一定的客观规律进行的，因此，每一个产品和技术都会具有客观的进化规律和模式，是可以被掌握的。

②产品和技术的进化有赖于各种技术难题、冲突和矛盾的不断解决。

③用尽量少的资源条件实现尽量多的功能是技术和产品进化的趋势。

四、TRIZ 理论的基本功能

多年来，众多应用 TRIZ 的发明创造项目的实践证明，TRIZ 可以帮助发明人在较短的时间内，考虑发明创造及其实践基本的创意想法与构思，其基本的功能是：

① TRIZ 可以教我们如何进行发明。

② TRIZ 可以教我们如何构造未来。

③ TRIZ 将改变我们的思维。

今天，如果不利用 TRIZ 就不可能对所面临的发明问题的求解做出合理的决策。TRIZ 是所有可能科学学习过程中最有价值的一部分，因为没有什么比掌握先进而适用的发明创造科学和提高我们学习效率、使自己成为发明家或天才发明问题求解者更有价值了。

五、TRIZ 理论中的设计原理

那么，如何利用 TRIZ 理论进行产品创新设计研究呢？阿奇舒勒和他的研究机构用了几十年的时间提出了 TRIZ 研究的多种方法。下面，就 TRIZ 理论中和产品设计专业结合较为紧密的 40 个创新设计原理进行简要介绍。

①分割原理。将产品分割成相对独立的几个部分：使产品成为可拆卸的设计，方便更换；强化物体的可分割程度。

电脑机箱的内部设计中每一个部件都采用模块化可拆卸式设计，方便了组装和检修。

②提取原理。将产品中存在的对主要功能产生不良影响的次要部分进行去除，或者将产品的核心部分从主体中进行分离。这种原理是为了将产品中的"有害"部分进行分离或将产品中的"有用"部分进行提取，保证有效部分功能的最大化。

无绳电话的出现就恰好体现了 TRIZ 理论中的提取原理。对于家庭电话来说，其核心的功能部分为接听和拨打电话，而电话线作为传输信号的媒介，对接打电话的操作起到了"牵绊"的影响，属于对产品功能实现产生不良影响的部分。而早期电话限于技术原因，电话线不能去除，但随着技术的进步，一种凭借无线电的发射和接收接通子母电话机的新产品出现了，这就是所谓的"无绳电话"。无绳电话解除了电话线的束缚，因其便利性和实用性，越来越成为家庭电话机的首选。

③局部性原理。将产品各属性的均质构成转变为不均质构成，使产品的不同部分具备不同的功能，或者将产品的部分功能强化以达到使整体功能提高的目的。

例如，在刀具设计中，一般都会将最好的钢材料制成刀刃部分，而刀的其他部分只用一般钢就可以了。这样不但能够保证产品的使用功能，还能够在一定程度上降低成本。而带有 Led 灯的挖耳勺设计，则是将照明功能和"挖耳"功能进行了结合，解决了实际操作时由于"耳廓"内较暗而产生的不方便问题。在这个产品中，由于照明功能的加入，增强了产品的整体功能，所以也是一个体现了 TRIZ 中局部性原理的典型实例。

④不对称原理。根据实际情况，将物体对称的形式转变为不对称的形式，如果物体本身是不对称的，则强化其不对称的状态，以最大限度实现产品的功能。

例如在有效三相插座的设计中，为了强调接地插孔，将其独立于零线和火线插孔之外，进行非对称布局，并且形状也有所区别，以最大限度增加区分度，以免造成危险。

⑤组合原理。将相同或类似的产品或功能组合成一个统一的整体，并使组合体协同作用，实现整体的功能和效果；在同一个时间内，将不同物体的动作连接成一个组合动作，共同完成产品的功能。

例如设置两个开关的水龙头设计，将冷热水分别进行控制，可以完成冷热水的自动混合，方便调节出符合使用者舒适度的水温。这体现了将产品的多种功能合并所起到的协同效用。

⑥多用途原理。一件产品可以具备多种功能，从而精简物体的数量，实现用尽量少的资源实现尽量多的功能的目的。

这方面的例子有很多，最典型的如瑞士军刀，将人们日常生活中可能用到的随身工具都整合到了一把小小的折叠刀中去，而且并不增加所占用的空间，可说是体现该原理最恰当的例子。

而除了瑞士军刀，日常生活中时刻都离不开的智能手机，可以说是另一个多功能的典型案例。除了接打电话、收发短信之外，视频播放、照相机、收音机、计算器等，其功能不一而足。更有甚者，随着手机软件的兴起，手机便成了一个可以承载任何手机软件的开放平台，这就为手机兼具各种各样的"功能"提供了 N 种可能。

⑦嵌套原理。一个物体嵌入另一个物体中，而后者又嵌入第三个物体中或者一个物体通过另一个物体的腔体。简言之，对于产品设计来说，这可作为一种充分利用空间的设计原理。

例如，在设计师 Mia Schallenbach 的刀具设计中，一组刀具相互嵌套，仿佛取自同一块钢板材料，其独特的组合方式和流线型风格除了带给人独特新奇的感受之外，其实用性也毫不逊色，共可分为削皮刀、美工刀、厨刀和切片刀共四把刀。

⑧平衡原理。利用空气的浮力、流体力学等力学原理，抵消掉物体的自重，从而实现平衡的目的；或者将物体与其他有着相反作用力的物体进行结合，从而抵消其自重。

例如，有一种可以随着浮力上升的路标设计。当遇到雨雪天气的时候，常用的路标（城市中道路中央起到分流作用的隔断设计）因为比较低矮，极容易被雨雪覆盖，这款路标的概念设计通过浮力原理，当雨雪淹没了道路标志的时候，路标可以自动上浮，保证交通安全。

⑨预先反作用原理。如果已知基于产品的功能将要产生某一种现象，则在

该现象出现之前，对其施加相反的作用，以实现产品的功用或消除某种不利的影响。简单来说，就是为了实现产品的功能或者强化产品的功能效果，需要提前准备能够起反作用的措施。

"鱼漂"的设计就是一种很常见的例子。众所周知的是，当鱼儿咬钩之后，游动时会对鱼竿施加力的作用（一般是向下的趋势）。而"鱼漂"的存在则是为了对鱼的活动起到提示作用，告诉使用者收杆的时机。水对"鱼漂"施加的是向上的浮力，和鱼对"鱼漂"向下的拉力正好相反，这就是所谓的"预先反作用"。

其实，在我们的生活中，运用了预先反作用原理的产品还有很多，比如弹簧秤的设计。事先压缩弹簧，然后利用重物的重力作用，靠弹簧的拉伸长度来度量重物的质量。

⑩预先作用原理。事先将预备使用的产品安排好，使它们在遇到具体事件的时候能够快速方便地发生作用；或者对于要完成产品的作用，预先对其整体或局部进行调整。

例如创可贴设计，就属于符合预先作用原理的产品，因为创可贴中已经含有了药物，当遇到突发情况时就可以直接将其敷于伤处，发挥其应有的作用。

⑪预防原理。对于一些不可靠或有缺陷的设计或行为，要预先准备好防护措施和应急手段，以此来补偿由产品功能的不确定性带来的不安定感。

例如，对于在城市中经常会发生有人不慎坠入缺失井盖的下水道的事件，具备自发光功能的井盖设计就可以在一定程度上起到预防的作用。

常用的修正带是另一个符合预防原理的设计，因为在写字的时候经常会出错，此时，就可以用修正带来弥补这种失误。

⑫等势原理。这是一种相对的原理，所指的是通过改变工作方式或外部条件，避免物体的上升或者下降，从而使人更方便地进行工作。

例如，当修理工修车时经常需要在车底进行工作，为了达到这种目的，有两种工作手段可以选择，即将汽车升高或将汽车置于一个凹坑之上，而后者即符合"等势原理"的方法。

这种方法多见于我们无法或不便于使物体上升或下降的情况之中。如根据国际通行的建筑规则，建筑入口处都应设置方便残障人士通行的无障碍通道，这便是使用了等势原理达到了使残障者"上升"至建筑内部或"下降"至建筑外部的作用。

⑬逆向原理。反其道而行之，改变思路，从完全相反的角度去寻找解决问题的方法。如将物体中可动部分和静止部分进行置换；将物体翻转；利用相反

的原理去实现物体相同的功能……

对于跑步机来说，能够通过不断滚动的传送带使人不断"原地踏步"，可说是运用逆向思维进行设计的绝佳例子。这样做不但能够实现跑步锻炼的目的，还可以节省空间，使室内跑步健身成为可能。

⑭曲线原理。将直线变为曲线、平面变为球面、直线运动变为回转运动。这种做法可以在一定程度上打破思维定式，在产品功能的实现上独辟蹊径。

由于受到直尺长度的限制，其度量较长的物体时多有不便，这时，卷尺的出现就解决了这个问题。将直尺变为可以缠绕的卷尺，不但可以实现测量距离上的"聚变"，还在一定程度上节省了空间。

⑮动态原理。将静止的物体变为动态的物体；变更物体的特性使其在工作环境中处于最佳状态；将物体分割成能够彼此相对运动的组件。

例如，现在的风扇几乎都有了摆头功能，该功能可以保证最大限度照顾到风扇能够面向的所有人。该功能实现起来非常简单，即在风扇工作的同时保证扇头能够摆动即可。

⑯适度原理。如果事情不能取得百分之百的满意效果，则可以根据实际情况适当降低要求，对要求的效果进行微调，则可以用最小的努力实现最大的成效。

这个原理怎么理解呢？比如在制作油泥模型时，搭好骨架之后，先要制作模型的粗坯，然后再用油泥刮刀进行雕刻，如此反复多次，最终无限接近将要制作的效果。在制作粗坯的时候，往往需要多于模型所需要的油泥量，然后再去除多余的部分，这便是适度原理中的过量作用法。

⑰维度变换原理。如果物体在一个维度上实现功能有困难，可以使物体分布到其他维度上，如一维变二维、二维变三维等；将物体的排列方式由单层变为多层；将物体倾斜，改变其放置的方式等。

例如对凳子的造型、结构、尺寸等进行精确设计，可以保证多个单体之间堆叠的要求。

⑱机械振动原理。使不振动的物体发生振动；使已经振动的物体增加振动强度；使多个振动的物体产生共振；使用其他方式产生振动并对不同的振动方式进行组合。

例如指环闹钟的设计。与传统闹钟不同的是，该指环靠振动来提醒时间，同时可以满足多人使用，且叫起的时间也可以不同。这样就避免了因为闹铃的声音而打扰了其他人的休息。

共振音箱设计同样是利用了不同介质的振动发声，有别于传统的音箱，且根据介质的不同可以实现不同的发声效果。

⑲周期作用原理。将周期的动作代替连续的动作；如果已是周期动作，则改变其周期频率；利用脉冲的间歇完成其他动作。周期作用有的时候会比连续作用能够产生更好的效果。

例如现在很多风扇所具备的睡眠模式，能够使风扇所吹出的自然风根据周期规律逐渐变化，符合人的生理需求。又如警车上的警灯和警笛，均是采用周期变化的原理来进行工作。其中，警灯有规律变化的亮度能够更加引起人们的注意，而警笛利用周期性原理控制音调的高低变化，可以使人的听觉对其更加敏感，同时也避免了噪声过大的问题。

⑳连续动作原理。通过连续的动作，使物体所有的部分都能够一直满负荷工作；使物体的每一部分都"忙碌"起来，防止出现物体的闲置状态。这个原理用到日常生活中，多少有点时间统筹的意思。比如，很多人在考研复习的时候，如果学英语学累了，可以画会儿草图，既休息了大脑，同时又合理利用时间进行了手绘练习。

我们的周围也有不少符合连续动作原理的产品，比如跷跷板和手工锯。对于跷跷板来说，其一端的翘起和落下的整个过程都是有功能的，翘起时保证了另一端压下的"乐趣"，而落下时，又保证了另一端翘起的"乐趣"；而对于手工锯来说，其往复运动的整个行程都在满负荷工作，丝毫没有浪费时间和距离。

㉑快速跳过原理。如果存在有危险的工作阶段，则需快速跃过该阶段，以避免发生危害。

例如在照相使用闪光灯的时候，只在按下快门的瞬间进行闪光，这样做是为了避免闪光灯对人眼造成伤害。

㉒趋利避害原理。利用有害的因素取得有利的结果；通过强化有害的部分实现有益的结果；通过有害部分的叠加来抵消有害因素，实现有益的结果。

例如，将废弃塑料通过二次加工制成再生塑料，可广泛用作电子产品外壳的制作。

㉓反馈原理。参考之前或同类产品的状态，得到反馈信息，用以改善产品的功能，或者对于那些不易掌握的情况可以通过反馈的手段来知道其状态。

最简单的是很多检测仪器的存在，可以使我们无须了解产品的原理，只通过数字、图标或图像的方式进行显现，就可以了解相关的信息。例如，对于电子血压计的设计，它有别于传统血压计，可以以更快捷直观的方式提供血压数据，而无须进行专业的操作。

㉔中介原理。在原有的几个物体之间加入一个中间作用的物体，能够起到连接和传送功能的目的。

例如，防烫手套设计。该设计所起的作用非常符合中介设计原理，即在手和灼热物体（如汤锅等）之间加入一个中介，在不影响动作执行结果的基础上也防止了不必要的伤害。

㉕自助原理。产品的自助原理是指可以通过一定手段使其自己完成一定的功能而不需要附加其他条件。或者可以将已经废弃的资源和能量等在尊重其核心功能的基础上重新加以利用。

例如，对于可以自动收集蜡油并重复利用的烛台设计来说，它可以将蜡烛燃烧过程中滴落的蜡油进行收集，并重新生成蜡烛，是一个很有新意的设计作品。

㉖复制原理。用简单易得到的复制品代替复杂的、昂贵的或已损坏的物体，来完成相应的功能；模拟原物通过复制品来验证和学习原物的操作方法，测试原物的功能等。

例如，汽车试验台的设计可以模拟复制汽车某一部分的功能原理。该设计多用于实验教学和科学研究，因为相对于一辆完整的汽车来说，一个模拟的汽车试验台要便宜得多。

㉗替代原理。根据产品的使用成本和使用寿命，用相对廉价的部分代替昂贵的部分，但这样做会以降低产品的某些使用品质（如耐用性等）为代价来实现目的。

例如，一次性杯子的出现就可以在一定程度上代替常用的杯子，而且快捷方便，用完即可丢掉。但一次性杯子在使用时的体验感却并不好，没有"正式杯子"（如玻璃杯）那样有量感，且不好拿，这都在一定程度上降低了杯子的使用品质。

㉘系统替代原理。用新的系统原理来代替产品原来的系统原理，如用力学、光学、声学原理代替机械系统原理等。

这方面的例子有很多。如声控灯的出现是用声音控制原理替代了机械原理（用手掀动开关来控制）；如感应水龙头的出现是用红外感应原理替代了机械原理，当人手进入感应范围后，传感器就会探测到人体红外光谱的变化，自动接通产品开关；又如遥控车钥匙的出现则是用微电波控制原理替代了机械原理，从而可以使人远距离控制汽车车门的开锁和闭锁，大大方便了人们的生活。

㉙利用气体和液体的属性原理。用气体和液体的结构来代替固体的结构，如用气体填充、液体填充、流体力学等代替固体物件的功能。

例如，充气床垫代替了具有固体填充物的床垫，除了具备固体床垫的功能之外，还方便了存放和运输，而水床的设计同样具有异曲同工之处。

㉚薄膜利用原理。利用薄膜和软壳类物体代替常见的一般结构或者利用薄膜将物体同外界隔离。

例如，键盘保护膜在不影响其功能的前提下可以保持键盘的卫生，因为键盘的缝隙一旦进入脏东西，非常难清理。除此之外，一些键盘可以使用软性材料制造，非常方便折叠和携带。

㉛多孔利用原理。将产品制作成多孔的结构或为产品附加具有多孔的部件；如果产品已经是多孔的结构，则可以利用其结构实现某种功能。将产品引入多孔结构，或是为了提升产品品质，或是为了满足某项功能，或是为了达到一定的美观度，所以，任何对于产品的改变都应该具有说服力。

例如，对于一款将沙发座面做成多孔结构的创意沙发设计，使用者可以自由安放沙发"靠背"，使本来"严肃"的家具设计具备了娱乐性。而洗碗海绵的设计则充分利用了海绵多孔结构吸水性强的特点，增强了洗碗的功效。

㉜变色原理。改变产品或者产品外部环境的颜色和透明度；为物体添加具有染色功能的介质，如染色剂等。

例如，感温杯设计。它会随着倒入杯中液体的温度变化而改变颜色，整个使用过程颇具趣味性，而且杯身的图案也可以进行定制设计。而变色眼镜则可以根据照射光线的波长不同改变颜色，以适应不同的环境。

㉝同质性原理。使用具备同一属性的物质，使其发生相互作用；主要物体和与其发生作用的其他物体具备相同或相近的材料属性。

这里举一个稍微极端点的例子。大家对胶囊并不陌生，对于药品来说，胶囊的主要功能是其外包装，但人们吃药的时候都是将胶囊本身一并服下。这在设计的角度上来说即符合同质性原则，即胶囊和里面的药品一样都具备可食用的属性。

㉞排除和再生原理。将产品中已经完成使用功能的部分使用某种手段（熔化、消磨、蒸发等）进行排除；或者使已经消除的部分在工作过程中再生或回收利用。

我国的青铜器等金属器物的制造所采用的传统方法——失蜡法就是一种符合排除再生原理的方法。其做法是先用蜂蜡制作铸件模具，然后用耐火材料制作外框，当加热烘烤后，蜡模会熔化从而形成阴模，最后再往空腔内浇铸金属溶液，待凝固后去掉外框即可成型。

㉟改变物理属性原理。将产品的物理属性改变，如从固态变为液态，从液

态变为气态等，也可以改变其浓度、柔性、温度等。

例如，在航天员进入太空后，由于失重现象的存在，传统的食品无法满足其需要，尤其是一些可以产生碎屑的食品还存在一定的危险性。所以航天员的专用食品大多都是膏状物，即可以像牙膏一样挤出的，通过食物物理属性的改变，便在一定程度上解决了航天员在失重状态下的饮食问题。

㊱相变原理。利用相变时发生的现象进行设计，如体积改变导致热量的变化等。

利用相变原理，可以实现很多产品功能。比如，利用干冰的升华吸收热量的现象，可以用来灭火、冷冻以及制造舞台效果等。例如，沙漠集水器的设计可以利用水汽液化凝结为水滴的物理现象实现集水的功能。

㊲热膨胀原理。利用物体膨胀或收缩产生的物理现象或者在同样的外部条件下利用膨胀系数不同的材料在变化过程中的现象进行设计。

利用热膨胀原理进行设计的案例有很多，如经常用到的体温计、热气球等。举例来说，对于一个可以防烫手的杯套设计，当温度升高时，杯套的图案就会鼓起来，使人手与杯子隔离，从而达到隔热的目的。

㊳加速氧化原理。用具有不同化学功能的氧化剂相互替换，如用高浓度氧气代替普通的空气，用纯氧气代替高浓度氧气等。

例如，小型臭氧发生器的设计利用空气为原料，通过内部电子元件高频高压放电产生高浓度臭氧，由于高浓度臭氧是一种强氧化剂，具有良好的杀菌作用，所以臭氧发生器一般用来进行杀菌消毒。

㊴利用惰性介质原理。利用惰性介质来代替普通介质或者直接不通过任何介质（如在真空状态下）实现产品的功能。

我们身边就有很多利用了惰性介质的产品设计，如城市夜空中五彩斑斓的霓虹灯；又如现在超市中普遍应用的真空包装方法，可以有效延长食品的保质期。

㊵利用复合材料原理。即由不同材料组成的复合材料代替单一材料。复合材料往往比单一材料具备更多更好的物理化学性能。

以碳纤维复合材料为例，这是一种由碳元素组成的特种纤维，一般含碳量在90%以上。碳纤维具有耐高温、耐摩擦、耐腐蚀等多种优良特性，且强度高、质轻，可塑性非常好，现已广泛应用于航空航天、体育器械、化工机械、交通工具以及医学领域。

总之，TRIZ理论具有很多优点，它是一套以人为导向的创新解决方法，有别于传统的头脑风暴方法、试错法等。TRIZ强调发明创造的程序性，强调通过利用事物创造发明的内在规律，解决系统中存在的矛盾，以此来获得理想的解决方案。TRIZ 理论还在不断发展完善当中，但作为一套完整、科学的解决问题的方法，该理论已经通过实践，为工程技术领域的发明和管理以及社会方面的创新提供了实际的帮助。TRIZ 理论与产品设计的结合是一个可供探索的非常有价值的课题，相信随着理论的完善发展和众多理论研究者和设计师的参与，TRIZ 理论定能为产品设计创新思维的发展提供一条科学的途径。

六、支持 TRIZ 理论的最新软件

自 20 世纪 80 年代以来人们就开始利用现代计算机技术开发支持 TRIZ 的软件，特别是在 TRIZ 传入欧美各国以后，这类商用软件得到快速的发展。其中，具有代表性的这类软件开发商是 1992 年正式成立的俄罗斯的发明机器公司（Invention Machine Laboratory）。这类软件包括：

① 20 世纪 80 年代开发的发明机器软件，如 1985 年版的 ARIZ-85C，这类软件已经售出 2000 套以上，目前已有更新的版本。

② 1997 年开发出的基于 TRIZ 的最优化软件系统 TechOptimizer。

③ 20 世纪 90 年代，由国际公司开发的软件 TRIZ-Soft。

④ 2001 年开发 TechOptimizer3.5 版软件，包括 4 个软件模块：发明原理模块（又称 A- 矩阵表）、预测模块、效应模块（总结了 4400 个效应的知识库）、特征变换模块。

⑤值得关注的还有发明机器公司开发的 3 个软件，它们是：Knowledgist 软件系统、CoBraio 软件系统和 Goldfire Intelligence 软件系统。

第六章 产品设计推广与评价

　　一件设计作品离不开推广和评价。有效的产品推广策略对产品在市场占有地位的高低有很大作用。怎么评价作品的好坏？需要在建立客观、公正的设计评价体系基础上，通过选择合适的设计评价方法，才能做出更有标准性的评价。本章分为产品设计的推广、产品设计的评价两部分。主要内容包括：产品的营销策略、产品设计评价的特点、设计评价目标指标体系、设计评价方法、评价方法的选择和评价结果的处理等方面。

第一节 产品设计的推广

一、产品推广概述

　　产品推广是指企业或产品设计单位为了达到扩大产品市场份额，促进产品销售和提高产品知名度等目的，将产品的相关信息以一种快捷有效的方式传达给消费群体，以激发和鼓励他们产生购买欲望并力争将这种欲望转化为真实购买行为的过程。产品的相关信息包括产品的品牌形象、设计特点、服务优势等多个方面，而将消费者的购买欲望转化为实际购买力的过程是产品推广的重中之重。

　　通过有效的产品推广策略，可以快速提高产品的市场占有率，给竞争对手造成压力，并且据此快速反馈市场信息。消费者也会因为其推广活动而对产品有了更深入的了解，从而产生潜在的消费欲望。所以，市场推广的作用是显而易见的。一件产品没有很好的包装和推广行为，则很难在激烈的市场竞争中取得一席之地。当然，产品要想取得最终成功的决定因素还是其设计品质本身，如果没有高质量的设计，即便再好的推广策略，也不会成功。

决定有效市场推广的关键因素包括广泛的市场调查、明确的产品定位、完善的管理制度、专业的营销策略。

二、市场调查和产品定位

随着科学技术的发展，尤其是信息互联网技术的变革，很多新的信息处理方式和信息结构分布方式涌现出来，从物联网、云计算、车联网，再到如今的大数据，这些都可以对企业管理和产品开发策略产生影响。

以大数据为例，它指的是一种"巨量资料信息"，其信息规模巨大到使我们无法使用常规的处理方式进行计算和处理，而是需要在新的处理模式下进行运算才能发挥其决策力、洞察力和优化力。对"大数据"进行合理的加工，可以快速获取有价值的信息，并应用到各行各业中，引领时代的变革和成为新的经济力量。如美国洛杉矶警察局曾和加利福尼亚大学合作利用大数据预测犯罪事件的发生；麻省理工学院利用手机定位数据和交通数据来进行城市交通规划；美国的统计学家甚至利用大数据来预测美国大选的结果等。

对于商业设计来说，该如何利用大数据原理来进行个性化营销呢？如社交网络产生了大量的用户，其用户的注册信息和活动记录都可以成为大数据的分析对象，甚至，用户群体的聚类特征和情绪表达也可以被记录下来。深入挖掘这些信息的潜在价值，可以为产品开发提供参考。将用户进行精细的划分，准确命中目标用户，正是大数据所擅长的领域，而这也是一般意义上的市场调查所不容易取得的结果。所以，一个先进的产品企业一定要充分利用不断兴起的新技术、新观念，并用来为产品决策和产品设计服务，否则就会因为跟不上时代的步伐而举步维艰甚至被淘汰。

三、设计管理的重要性

设计管理是指根据消费者的定位和需求，有计划、有组织地对产品生产过程进行研究和管理的活动。设计管理是一种综合系统的管理活动，包括对设计师设计思维活动的引领和调动，也包括对企业经营策略和产品开发过程的控制与管理。所以，针对设计师具体设计工作层面上的管理和针对企业经营层面上的管理成为设计管理的两个方面。在这里，主要就企业对新产品设计开发与推广而进行的辅助性工作进行一下介绍。

①企业必须有自己的设计战略管理，企业的设计战略应提升到企业经营战略的高度。企业尤其要重视并有效利用工业设计的手段，提升公司产品开发能

力和市场竞争力，提升公司形象。企业的设计战略要根据企业自身具体情况进行规划，并进行长期规划。

②企业要有自己的设计目标管理，合理的设计目标的确定不但要遵循企业的设计战略，还要参考市场调研的结果。企业确定设计目标管理的目的是使设计能够符合企业的整体目标，吻合市场预测，以及确定产品设计与生产流程的时间安排，保证产品能在合适的时间生产并投入市场。

③企业要对设计流程进行管理，目的是对产品在设计生产过程中进行监督，以确保设计的进度。设计流程往往被分为若干个阶段，包括产品从需求的提出到回收利用等各个环节。管理者还要在确保设计进度的前提下，协调产品开发者与各方的关系。

④企业要对内部的设计系统进行管理，以保证设计师工作效率的最大限度发挥，保证产品开发活动的正常进行。设计系统的管理包括对系统内部设计师的管理和设计部门与其他部门人员的协调管理。对于前者，应制定合理的奖励政策和竞争机制等，激发设计师的工作热情和效率，并充分发挥设计师的创作灵感；对于后者，应理顺设计部门与企业领导的关系，与企业其他部门的关系等，使设计开发工作在进行过程中都能够得到整个企业的合力支持。

⑤企业应重视设计质量的管理，以保证设计方案从提出到生产的各个环节都能够得到有效的监督和控制。设计质量的管理包括设计中的程序管理和设计后期的生产管理等多个环节。对于前者来说，应该强化并明确设计的程序与方法。在程序的每一个环节进行设计评价，集思广益，有效控制设计的质量；对于后者来说，应保证设计部门与生产部门的沟通和合作，对生产过程进行监督，对设计中不符合生产要求的细节进行调整。

⑥企业应该重视知识产权的管理。一方面，企业应该保证自己设计的原创性，不会发生侵犯他人知识产权的情况。对于一个企业来说，应该设立专门的知识产权管理部门，广泛搜集相关产品的信息资料，并对自己的设计进行知识产权方面的审查，避免上述情况的发生。另一方面，企业更应该对自己的设计作品进行专利保护，防止别家企业侵权行为的发生，而如果发生了侵权的行为，应该适时拿起法律的武器进行维权。

四、产品的营销策略

产品营销是企业为了销售产品或者服务，以消费者和市场的需求为出发点，根据经验和细致的市场调研获取市场的期望值和购买力的信息，从而有计划地组织企业的各项经营活动，制定合理的策略，为市场提供满意的商品和服务的过程。

营销策略包括价格策略、产品策略、渠道策略、促销策略和宣传策略等。价格策略指产品的定价，主要根据产品的生产成本、市场容量、同类产品的竞争情况等方面来给产品定价；产品策略指产品的品牌定位等，包括产品设计、包装、色彩、企业形象的运用等，力求使产品具有自己的特色，给人留下深刻的印象；渠道策略指产品流动的通道或者销售的方式，可包括直销、分销、经销、代理等，企业应根据自身情况和市场情况选择合适的渠道；促销策略指企业采取一定的手段来增加销售额的策略，如折扣、返现、积分、抽奖等；宣传策略指企业产品通过宣传机构曝光，扩大影响力以提升企业或产品影响力和信任度，并最终促进销售的策略。企业可利用电视广告宣传、产品发布会、参加展销会、网络宣传等多种手段对产品进行推介。

（一）产品营销的技巧

产品的营销与良好的管理同等重要，企业在为市场提供优秀设计作品的前提下，如何通过市场营销来提高产品的销量是一个关键的问题。下面提供几种有助于提高销售成绩的策略技巧。

1. 不断寻找新的需求市场

产品的销售有赖于市场的接受度，当产品的目标市场达到饱和或者用户的需求发生转移的时候，如果企业不想对产品进行更新换代的话，就要探索开发新的市场。如小米手机在中国市场上取得巨大成功后，为了开拓业务，开始将目光瞄准了海外市场。而欧美市场是苹果和三星的天下，小米手机很难介入，在这种情况下，小米转而开发亚太地区的市场，并将印度作为其拓展全球市场的重要部分，成绩斐然。再如计算机在刚刚兴起的时候主要用于科研院所的研究工作，后来个人电脑的出现打破了这种局面。其普及率越来越高，以至于人们谈到电脑，就默认理解为个人电脑，殊不知，个人领域是计算机最初所忽略的潜在市场。总之，通过开拓新市场可以使产品找到新的销售渠道和潜在用户，从而提高产品的销量。

2. 多种渠道进行销售

目前，很多企业拥有自己的多种销售渠道，如一些传统企业，除了将产品交由经销商进行销售之外，还在各地建立直营店，或者以较低的批发价格卖给需求量大的客户。而一些新兴的企业则对互联网销售情有独钟，不少企业采用线上销售和线下销售两种模式。线上销售指通过电商平台进行网络销售，线下销售仍旧采用传统的销售模式，两种方式各有优势，可在具体的销售过程中进行优势互补。

3. 提炼产品的营销点

所谓营销点，可以是产品不同于竞争产品的独有特点。比如，性价比高、造型美观、售后服务好或者具有创新性等。一件产品若想取得良好的市场反响，必然要有其独到的优势。一个企业或产品若想取得长久的生命力，创新能力是必须具备的。创新是一切事物向前发展的源动力，以创新为主导的企业会不断探索新事物发展的可能性，会不断改良自己的产品以迎合目标市场的潜在需求，甚至会通过产品去引领消费者的生活习惯乃至创造一种新的生活方式。在这方面，苹果公司可以成为创新型公司的典范。

（二）产品营销的基本原则

1. 诚实守信原则

诚信是一切交易行为能够保持长久的根本，也是企业商业道德的重要标准。企业的诚实守信包括产品质量要可靠、广告宣传要符合事实、价格要合理以及交易过程中要履行相关责任等。

2. 合理获利原则

合理获利是指企业在获利的同时不应损害其他各方的利益。如不应损害消费者利益，不应对社会产生不好的影响，不应传播有负面影响的价值观等。

3. 和谐共生原则

这要求企业在营销推广的过程中，不应搞恶性竞争，大打价格战，最终造成两败俱伤的结果，还会破坏外界对行业内规范的认识。如很多设计公司为了招揽设计业务，一味地降低设计费用，不但公司赚取不了多少利润，还会造成全行业议价能力的降低，损害了整个行业的利益。所以，市场营销中的和谐是指要正确处理市场各要素之间的关系，互利共赢，共同维护整个行业的利益。

（三）产品营销手段

产品营销的手段有很多，且随着社会的发展会不断有新的营销手段产生，作为企业经营者，应该综合利用多种手段，选择适合自己企业的营销策略。

1. 知识营销

知识营销是指通过向大众宣传及推广产品的设计理念和技术知识，让消费者从心理上接受产品的优点，从而激发出购买欲望的方法。

2. 网络营销

网络营销是利用互联网的传播特点，对产品进行线上销售的方式，如小米公司网络抢购的方式和淘宝上的网络卖家们所采用的方式就是网络营销。

3. 创新营销

创新营销是指企业利用创新的设计观念、营销观念、组织观念等，不断调整自己的产品策略和营销策略，使整个产品的开发销售处于动态创新的过程当中。如有些公司通过不断推出新产品来保持市场的新鲜度，以此来确立自己行业先行者的地位。

4. 整合营销

整合营销是指通过整合生产者和销售者的思想，协调使用不同的传播手段，联合向消费者展开营销活动，寻求激发消费者购买积极性的因素，达到销售的目的。

5. 绿色营销

绿色营销是指企业在生产和销售的各个环节都会努力贯彻环保的理念，通过这种方式给消费者形成一种绿色、无公害、无污染的企业形象，从而迎合了消费者对于保护环境和保持个人身心健康的诉求。

6. 联盟营销

联盟营销鼓励消费者加盟企业，加盟者可以享受不同于一般消费者的产品和服务。如有些企业吸收消费者为企业会员，通过会员折扣、组织会员活动、积分兑现等方式使消费者获得部分利益从而刺激了产品的消费。

7. 个性化营销

个性化营销是一种完全以消费者的个性需求为中心的产品推广策略。企业与消费者之间往往通过个性化需求分析、个性化定制等方式生产和销售产品，满足用户的个人品位和个性需求。这种方式不适用于需要大批量生产的企业，但对于某些行业尤为适用，如奢侈品的定制服务、礼品定制服务等。

8. 大市场营销

大市场营销是指企业为了进入特定的市场，综合运用经济、政治、公共关系等手段以取得各方面支持的营销策略。如一个外企若想在中国销售产品，就需要熟知中国的法律和人文特点，其产品还需得到相关部门的认证和许可。

总之，产品营销应立足于公司拥有优良的产品和公司自身的特点，基于社会责任感和诚信态度，以敏锐的目光和判断力准确抓住市场需求，并运用多种手段扩大产品的销售。好的营销策略可以促进产品销量的提高，但不能代替产品的生产。对于设计师来说，应该在熟悉产品营销策略和营销手段的前提下进行系统设计，并自觉将设计过程与产品流通的其他环节进行结合。

第二节　产品设计的评价

一、产品设计评价概述

（一）设计评价的概念

衡量和判定一个产品的设计价值即产品设计评价。人类对一系列问题的发现、分析、解决活动，并带有目的的进行创造即设计。在设计活动中，进行正确的设计决策需要依靠持续、有效的设计评价活动来进行。我们可以从广义和狭义两个方面来对设计评价的含义进行理解。

广义的设计评价是指对人类一切造物活动的价值判定。在日常生活中，始终充斥着对自己、他人或者周遭其他事物和环境的价值判定，很多人对此也没有察觉。广义上对设计评价的理解即设计评价活动无时无刻不存在于每一种在广义设计概念下的创造性行为。

狭义的设计评价是属于设计管理领域的一个专业概念，是这一领域的重要内容。J. 克里斯托弗·琼斯在《系统设计方法》中认为："设计评价是设计过程管理的重要环节，具体说来是在最终方案确定前，从诸多备选方案中，对其在使用、生产和营销方面表现的正确性给予评估。"其中提到的"方案"其意义范围很广，可以是造型方案、原理方案等多种多样的形式，从其载体上看，可以是零件图或装配图，也可以是模型等。一般情况下，设计评价应在多方案的条件下才有意义。特殊情况下，也可以只对某一方案进行评价，但须注意评价结果的相对性。

（二）设计评价的意义

开发新产品的风险很高，主要表现在：①对市场需求评估不当，会导致产品在进入市场后，落后于同类产品或者超出了实际的需求，产品成为淘汰品或者用户还没有条件来使用；②对新产品是否能占领市场的评估存在偏差，会使产品失去优势，成为替代品；③对经济效益评估不准确，会导致产品在后期生产上出现成本过高、投入资金过大等问题。因此，在新产品开发过程中，非常重要并且十分必要的一个环节就是评价。而且，概念设计完成后的综合评价更是其中最为重要的评价阶段。

综合而言，设计评价具有多方面的意义。一方面，设计评价能够运用科学的方法来分析方案，避免了主观感觉评估时带来的各种问题，保证了最后确定的方案的质量；另一方面，恰当的设计评价，能够在产品设计的材料选择和造型、样式等方面，适时规避那些不合理的方案，减少盲目的设计，把控产品设计的整体方向，让设计者少走弯路，提高设计的效率。

（三）产品设计评价的特点

市场的风云变幻、各种人为因素、信息的准确性与可靠性、设计知识的普及程度以及产品评价方面研究的稀缺都对产品设计评价工作产生了直接或者间接的影响，因而，产品设计评价的不确定性因素大大增加，其客观性也会降低。以下是产品设计评价的主要特点。

1.评价主体的复杂性

评价主体是指生活在世界上，通过劳动、实践和各种社会实践活动来满足自己多样化需求的人，这些人直接或间接地参与了产品设计评价。由于人的社会性、复杂性，人的未来行为不是按照预期的直线轨迹来运行的，设计的合理性和目的性通常都是设计师通过深思熟虑后判断的结果，并不是经过完全科学实证的结果。由此导致产品开发过程中许多流程安排、评价、决策都被加上某种感情色彩，最终的结果也会扑朔迷离，这也是"有限理性"的一个体现。由此可见，评价主体对社会、经济、文化、环境等所持有的态度又对产品设计评价活动产生了直接或间接的影响。所以，研究影响评价的"外部因素"，首要的是要研究评价主体的复杂性特征。

传统的评价方法有模糊评价法、技术经济评价法等，在这些方法中，对各评价目标权值的确定都有人为因素涉及，决策过程中随机性较高，而且，参加评价的人员在主观上存在不确定性，认识也相对模糊，这些情况都很难避免。

2.评价客体的多样性

从系统科学来看，设计评价是系统工程的一种。它包含一系列的项目，要完成这些项目需要一些有关的辅助工具和足够的信息量。评价和决策分析的内容很多，包括对象和目标的定义、评价系统的建立、评价方法的选择、数据和信息的收集、项目的评价和选择等。

评价客体就是设计评价的对象。产品设计涉及的领域十分广泛，涵盖了各个领域丰富的知识，要考虑很多方面的因素，所以，设计评价的项目也涉及了各个方面的大量内容。在产品设计评价中，项目的评估需引入很多信息，如造型、色彩等，而这些信息通常是模糊和不确定的。不同种类的产品存在着各方面的差异，因此，在设计评价时，使用的方法和参考标准也各有不同。

3. 评价环境的变换性

产品设计评价环境是指其受到的各种限制条件以及所处的具体背景，包括外环境和内环境。外环境指企业所处的社会、政治、经济等大环境，内环境是指企业自身发展的内部小环境，这些因素的变化直接影响着企业在面对激烈的市场竞争时采用的设计策略，而策略的选取，也会对形成评价标准和其他制度要素产生影响。

在产品的设计开发中，新产品的开发都是基于一定的市场预测而进行的。用户的反应以及产品的真实性能等都是不可准确预测的因素，它们常常因为其他一些社会环境因素的改变而受到影响，从而直接影响到产品的市场命运。这使得产品设计评价的结论仅能作为一个阶段性的参考。

4. 评价标准的中立性

企业实现资本增值的一种非常重要的手段就是设计，所以，检验设计是否成功，最准确的方法是看这一设计在商业上能否成功。按照这个逻辑，"好设计"等同于"好商品"，而"好商品"也等同于"好设计"。但是广义上的设计实为一种文化活动，其中包含了人类对所处的自然环境、社会以及自身的哲学思考，因而，不能单纯地用商业上的成功来反映社会总体价值取向的评价准则。这就要求设计评价的意义超越商业目的这一狭隘的限定。

企业和消费者通过产品设计建立起沟通和联系。设计师应该有崇高的思想境界，克服功利主义，除了要满足企业的要求和利益，还要考虑到消费者的权益，设计评价要依照中立的、客观的标准去执行。可以看出，评价结果直接受到设计评价标准的影响。

5. 评价结果的相对性

在设计活动中，无法对其内容进行量化，所以，大家评价设计工作，只能运用和定性研究相类似的方法，但是这种方式得出的结果只能作为一种参考，帮助制定决策，不能当作最后的结论。因而，产品设计评价存在多样化的结果，它是对各种概念或者设计的全面了解和分析。

产品设计的评价项目中包括许多审美性或感性的内容，通常依靠直觉的判断来进行评价，因此，评价一般依靠经验，其中也掺杂着过多的个人的感性成分，受到过多的个人主观因素的影响，产品设计的评价结果表现出相对性的突出特点。

还有一点是信息的时效性影响了设计评价的客观性。每一条信息都是在一定的时间内、一定的条件下产生的，如果处理不及时，一条有价值的信息，就会变成明日黄花。信息的时效就如同山上的草药，应季是宝，过时变草，信息缺少时效性，其价值就大打折扣。在这个信息爆炸的时代，我们能随时、准确地获取最新的信息，但是这些收集到的信息具有很强的时效性。之前用于指导和评价产品设计的资料，随着日益更新的市场和技术会逐渐失去时效性，最后得出的产品设计评价结果自然也是不那么准确。

总而言之，好的设计很难有一个固定的评价标准，因为一件产品是一个时代政治、经济、文化、科技等众多信息的载体。设计是为人服务的，好的设计首先要满足人与社会的需求。

（四）产品开发不同阶段评价的特点

产品开发涉及多个环节，包括市场、设计、制造、营销等，相应的这些环节其涵盖的知识面也十分广泛，不同的阶段有不同的评价侧重点，目前还没有为整个产品开发过程架构的完善评估体系。

在产品设计的不同阶段中，不管设计程序是怎样被划分的，评价是否被划分成一个独立的环节，产品设计评价的地位都是无可替代的。产品开发阶段评价的特点可从下几个阶段进行分析。

1. 设计策略阶段

策略是企业根据内外部环境限定所采取的一系列指导方针和计划。设计策略的制定是企业设计活动实施的前提条件，也是企业以设计创新求发展的基本保证。这个阶段是设计评价程序应用于企业产品设计的起点，是对设计策略是否符合企业自身的能力、市场的需要以及竞争环境做出的现实性的评判。

这个阶段的评价主要围绕着企业的机会（市场机会、技术机会和竞争机会等）展开，由此意味着企业明确了战略重点，界定了创新范围，规划了企业的未来。

2. 概念设计阶段

概念设计阶段是整个设计项目的关键阶段，这一阶段，需要融合产品的功能、流行趋势以及设计师的艺术感受，并对材料和工艺的可行性进行初步探讨，提出视觉化的创意理念。概念设计的评价包含设计理念的评价、功能性与外观感受的评价、生产可行性的判定三个层次，需要综合这三个方面的因素，才能做出概念设计的方向性评价。

确定概念设计并非只需一轮的评价活动，需要反复地进行琢磨和商讨，才能最终确定。该阶段难以得到有关技术、成本等方面的定量信息，因此应多从定性的角度考虑，并且在有效信息不足的情况下，制定评价标准时不要急于确定"加权系数"，片面地对要素的重要性做出判断结果，对每种要素都要平均地看待其重要性，由经验得出，会选择多套概念设计方案进行深化，来确保设计最后的决策有很大的余地。

3. 深入设计阶段

概念设计确定后，需要对其进行更加精细化的处理，这一过程即深入设计。此阶段需要将产品的材料选择、色彩搭配、操作界面等非常具体的要素都进行深入的表达和评价。

深入设计阶段并非依靠定性的方式来进行评价活动，此阶段的产品评价主要依据现在施行的各种工艺、结构设计标准、规范和实验评价法来全面进行。最后得到的设计结果应该深入到与批量化生产相衔接的状态。

4. 商品化阶段

设计开发的最后一个环节就是商品化阶段，但是，这并不表示设计评价已经结束。为了确保产品的可行性、预测该产品是否能被市场很好地接受，并为其全面进入市场做好技术与策略准备，产品在推向市场时有大量的工作要做，如包装设计、营销计划以及产品试销等，这些工作都属于商品化阶段的内容。

5. 后商品阶段

产品在商品化之后，需要及时地获取来自市场、商家、消费者和相关维修服务人员的反馈信息，并对商品在一系列过程中给社会、环境带来的影响进行跟进，另外，还要对照现实情景与商品的综合市场反应对设计评价过程进行回顾和反思，这些都是设计评价需要进行的工作。这些信息将会成为重要内容，为企业改进产品、调整设计策略和制订新一轮设计开发计划提供依据。

以上论述的是通常意义上的产品开发阶段，不同类型的产品，其设计开发阶段也会存在差异性。总之，设计开发的各阶段还有很多细分方法，还可以把一个阶段细分为不同的小阶段。每一个细分阶段的设计工作都有不同的侧重点，因此要选用不同的方法来评价。但是无论如何，评价总的特点是保持不变的，表现为由浅入深、由表及里、由粗到精。简单来讲，评价的过程呈"发散－收敛"的趋势。

（五）设计评价的分类

1. 从设计评价的主体区分

按照评价的主体进行分类，设计评价可分为消费者的评价、生产经营者的评价、设计师的评价和主管部门的评价四种评价形式。每一种评价对评价标准、项目、要求都有各自的特点，有不同的偏向，评价时关注的焦点也各异，所以，每一种评价形式给出的评价，都相对片面。因此，理想的设计评价应该是将这四个方面综合起来。

2. 从评价的性质区分

按照评价的性质进行分类，设计评价有定量评价、定性评价两种评价形式。两者评价的对象不同，定量评价对成本、技术性能等能用参数表示的量性的评价项目进行评价；定性评价对审美性、创造性、舒适性等非计量性的评价项目进行评价。实际的评价往往包括量性和非量性两种评价项目。在评价方法上，可以选取适合这两类问题的统一的方法来评价；也可以选取不同的方法分别评价，最后对两类评价结果综合进行判断，做出决策。

评价设计中有很多非计量性的评价项目，由于受评价者主观因素的影响，评价困难重重，而且最后的评价结果存在很大差异，甚至出现错误的结果。因此，运用不同的评价方法，其作用是能尽量降低主观因素的影响，使评价更加客观。

3. 从评价的过程区分

按照评价的过程进行分类，设计评价有理性的评价和直觉的评价两种评价形式。在评价的过程中，理性的评价主要是依靠理性判断，比如，成本问题上，一号方案比二号方案便宜；直觉的评价主要是依靠感性或者是直觉判断，比如，色彩问题上，认为蓝色比黄色好。实际设计过程中，经常要同时运用这两种形式进行交互式的评价。很多评价项目往往是非计量性的，特别是造型项目，设计师在评价过程中，常常依靠个人经验，以直觉来做评价。所以，为了弥补个人偏见产生的偏差，评价中常采用多人评价的方式，或者运用模糊评价法，综合后得出最终结果。

（六）产品设计评价的一般程序

新产品开发设计评价是一个复杂的统计活动过程，总的来讲，产品设计评价过程包括以下步骤。

①明确评价问题：对评价问题的范畴、性质进行清楚的界定，这是确定具体评价目标的前提。

②确定评价标准：根据所要达到的设计目标制定的一个评价标准体系。

③组建评价组织：依据一定的标准体系，并且根据问题的性质和范畴来筛选不同的职能人员参与，组成评价组织。对于有的企业，他们在项目启动时或者初始阶段就已经组建了评价组织并完成了运行的制度化，因此，该步骤程序的设立只是针对一般性的评价过程。

④建立评价目标指标体系：其主要包含把评价目标的指标结构化和细化，确立初步的指标体系，优化指标体系的结构，数量化定性变量等步骤。

⑤选择评价方法与模型：在评价实施之前，要根据当前的具体情况采用合适的评价方法。其主要包含选择合适的评价方法、确定评价规则、构造权数等。

⑥实施评价活动：做好以上步骤后，就可以进入到评价工作的实施环节了。主要囊括一连串的评价活动执行程序，就是把"问题"有效地嵌进评价活动中，而后收集评价组织的结论、数据信息和观点。

⑦评价数据处理：利用数据的处理方法，将评价组织的结论、数据信息和评审意见明确客观或者图表化地整理归纳出来，这有利于产生评价结论。评价结果的处理方式主要有曲线化处理和图形化处理两种。

⑧做出判断、评价结论输出：评价组织根据评价数据分析结果得出来评价结论。这里需要说明的是，评价结论并非评价组织单纯依靠数据分析的统计结果，其亦结合了直觉经验、感觉感性以及其他因素，最终得出的综合评价。企业领导层在做决策时将把此评价结论作为重要依据。

二、设计评价目标指标体系

由于设计评价的复杂性，需要提前确定好合适的工作程序和进程安排，然后再进行评价工作，以保证高效率地、顺利地完成设计工作，并得到有效的评价结论。其中，设计评价程序的一项重要环节就是建立评价目标及目标分类整理。

（一）评价目标

设计评价的依据是评价目标。设计师或者设计团队在着手设计时都有一个规划，确定设计的产品最后呈现出怎样的形式，或是达到怎样的预期效果。针对这些设计所要达到的目标就产生了设计的评价目标，这一目标用来确定评价范畴的项目。

将生产经营者、消费者、设计师三个方面的因素综合起来看，通常认为有四项产品设计的评价目标。

①技术性目标：如技术上的可行性、先进性、功能性、可靠性、合理性、有效性、安全性、宜人性、使用维护性、实用性等。

②经济性目标：如产品的成本、利润、投资、投资回收期、竞争潜力、附加值和市场前景等。以保障消费者利益为基础，增强产品的功能性，降低成本，才能在最大程度上是产品的经济价值得到提升，实现企业和消费者的双赢。

③社会性目标：如产品给社会带来的效益、给人们生活方式和身心健康产生的影响、推动科技的进步等。

④审美性目标：如造型、风格、形态、色彩、时代性、美学价值、个性体现等。

（二）评价目标树

设计评价应该在多方案的条件下才有意义，对多方案之间进行比较和评价就需要建立统一、适宜的评价目标。对产品设计而言，评价的目标是多样化的，它根据标准、用户需求、公司规范等的不同而进行改变。所以，产品设计的评价是一个多目标评价系统。

分析和选择评价目标是多目标评价的关键问题，而构建目标树能够有效地解决这一问题。建立评价目标体系的基础是构建目标树，这一方法是分析评价目标的一种手段。评价目标树（评价目标表）的建立是用系统分析的方法对评价目标系统进行分解并图示而成的。具体化总的评价目标，就是将总目标细化成一个个子目标，然后用系统分析图的形式表示出来，即形成了某个设计评价的目标树。图 6-1 是一个评价目标树分析示意图，图中，Z 表示总评价目标，Z1、Z2 为 Z 的评价子目标，而 Z11、Z12、Z13 为 Z1 的评价子目标，Z21、Z22 则是 Z2 的评价子目标，即实际评价项目。g1、g2、g11、g12、g13、g21、g22 为加权系数，分别和每个评价项目一一对应，是反映不同评价项目对产品影响程度的一个参量。评价子目标的加权系数是它下一级各个评价项目的加权系数和，所有评价子目标的加权系数之和为 1，即

g1+g2=g11+g12+g13+g21+g22=1。使用评价目标树非常方便，使用者可以通过对目标树的分析更加直观地认识评价体系，能够十分清晰地了解总目标、子目标、实际评价目标及其重要程度。

评价目标对于不同的设计对象和设计所处的不同阶段，其内容会存在一些差异，所以建立评价目标体系时，要先挑选出最合适的评价目标内容。评价目标设定好之后，还要对目标树中的加权系数 g 进行完善，这是非常重要的一项工作。加权系数也可以叫作权重系数或权重，评价目标的重要性高低依靠加权系数的数值大小来体现，数值越大，越重要。我们可以用判别表法列表计算或者是根据经验来确定这些数值。

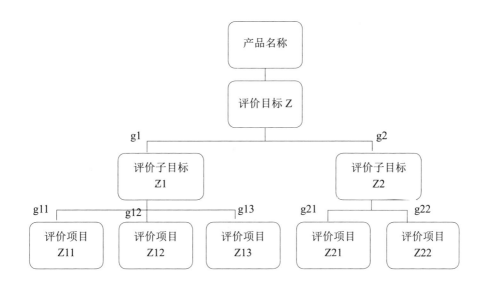

图 6-1 评价目标树分析示意图

（三）设计评价目标体系的建立

建立评价目标体系就是将评价目标细化，确定具体的评价项目，建立全方位和多元化的综合评价目标体系。

在实际评价工作中，确定评价目标并非越多越好，通常保持在 10 项左右。虽然设计中的所有要求、追求目标都能够列为设计评价的目标，但是，通常要选择最具重要性的、最能反映方案水平和性能的设计要求，以保证评价的高效性、低成本以及减轻工作量。

在选择评价目标时，要根据设计对象、设计阶段和设计评价要求的不同而选择不同的目标。评价目标一般要具有全面性、独立性、丰富性这三项基本要求。全面性表现在评价目标涉及的范围比较广泛，如技术、社会性、经济等多方面；独立性表现在评价目标之间要有明确的区分，分别独立；丰富性表现在应当尽量采用丰富的定量化信息，难以定量的问题，可以用定性的信息予以补充。

产品设计评价是一个多目标评价，而且不同的设计要求、设计阶段、设计对象就有不同的评价目标。但是，对一个区域或一个公司而言，在每次评价之前构建一个目标树既费时又费力，而且还可能考虑得不够周到。所以有必要根据某些标准来建立通用的评价目标库，即评价目标模板，以备用户选用；同时还要具备用户扩展功能，这样各个企业可以根据实际制定符合自己企业的评价目标。这些标准模板和用户自定义模板的集合就构成了评价目标模板库。企业在进行评价的时候，就只要调用相应的适合于企业自身的模板，然后设计师或其他评价组成员只需对每一个评价目标打分即可。系统再综合评价目标的权重后进行计算，得出总目标的评价值。

三、设计评价方法

目前的设计评价方法比较多，比如模糊评价法、评分法等，以下是几种常用的设计评价方法。

（一）经验性评价法

经验性评价法（简单评价法）适用于方案不多、问题不复杂的情况，评价方案时，可以依靠评价者的经验，利用直觉，选择简单的评价方法进行定性的粗略分析和评价。

经验性评价法涉及广泛的学科领域，其中涵盖的知识体系十分庞大，如管理学、心理学、决策理论等，而且此方法包含了很多隐性的、无法言传的经验、悟性，以及灵感因素和信息。常用的经验性评价方法有点评价法、淘汰法、排队法等。

1.点评价法

点评价法是经验性评价法中最常用的方法，这种方法的特点是，按照确定的设计目标逐项对每个待评方案进行粗略评价，并用符号进行表示，比如，用"+"表示"行"、"－"表示"不行"、"？"表示"再研究一下"、"！"表示"重新检查设计"等，最后根据总的结果得出结论。表6-1为点评价法的示例。

表6-1 点评价法示例

评价项目	一号方案	二号方案	三号方案
满足功能要求	+	+	+
加工装配可行	+	+	−
使用维护方便	+	+	?
宜人性符合要求	−	+	−
满足环保要求	+	+	+
制造成本满足要求	?	+	?
造型整体效果优良	+	+	?
总评	5+	7+	?
结论	二号方案最佳		

2. 淘汰法

经过分析直接剔除不能达到目标要求的方案或不相容的方案。"行"与"不行"就是评价的结果。

这种方法主要由设计师本人进行，是一种适用范围最广、效率最高，但是不够精确的评价方法。此评价方法的依据就是评价者的经验，所以和评价者的知识广度与深度、经历、对所处行业的认识等有直接的关系。

3. 排队法

在多种方案的优劣情况比较错综复杂时,对方案进行两两比较,优者打1分,劣者打0分,求和得出总分,总分最高者为最佳方案。

如下表6-2为排队法的示例。将A方案和B方案进行比较，A方案较劣，所以AB为0，BA为1。

总分高者为B、E，表示B、E两个方案比较好，然后比较B和E方案，BE=1，EB=0，因此在A、B、C、D、E五个方案中，B方案是最优的。

表 6-2　排队法示例

比较对象　比较方案	A	B	C	D	E	总分
A		0	1	0	0	1
B	1		0	1	1	3
C	0	1		1	0	2
D	1	0	0		0	1
E	1	0	1	1		3

（二）数学分析类评价法

数学分析类评价法是指运用数学工具进行分析、推导和计算，得到定量的评价参数。常用的数学分析类评价方法有名次计分法、评分法、模糊评价法以及技术经济评价法等。

1. 名次计分法

名次计分法是指，有 n 个需要评价的方案，一组专家给这几个方案按照优劣的顺序进行排名，名次最低的得 1 分，依次给分，最高分是 n 分，最后将各个方案的得分分别相加，最佳的方案就是总分最高者。这种方法也可以依照评价目标，逐项使用，最后再综合各方案在每个评价目标指标上的得分。用总分计分方法加以处理，得出更为精确的评价结果。在使用这一方法进行评价时，应该采用逐项评价的方式，或者建立评价目标指标或评价项目，方便评价者有一个基本的评价依据，以增强评价的准确性和客观性。表 6-3 所列是名次计分法的示例，其中有 5 名专家，5 个待评价方案（这里只对待评价方案进行了一次总评，如要在逐个评价目标指标上都评价，则要在每个评价目标指标下各用一次表 6-3 所示的表格计分，然后再统计结果）。

表6-3 名次计分法示例

方案＼专家代号	A	B	C	D	E	总分
一号	3	4	3	4	3	17
二号	2	1	1	2	2	8
三号	5	3	5	5	4	22
四号	4	5	4	3	5	21
五号	1	2	2	1	1	7
结论	三号方案最佳					

2. 评分法

评分法是针对评价目标指标，以直觉判断为主，并依照某一特定的标准来对方案的优劣进行打分，是一种定量性评价方法。当有多个目标指标时，需要分别针对某一目标进行打分，然后统计某一方案在所有目标指标上的得分，所得的总分即这一方案的评价结果。评分法的工作步骤为，确定评价项目→确定加权系数→选择评分标准→确定评分要求→针对各评价目标评分→选择总分计分法→统计总分→选择高分者为最佳方案。

①评分标准。对方案用评分法进行打分时，通常用5分制或者10分制的标准，若方案为理想状态，打10分（或5分），最差是0分。对于优劣程度处于中间状态的方案，评分时可以采用下列方法。

第一，如果评价项目属于非量性的，或者是相关参数不具备的计量性项目，先用直觉及经验判断的方法确定评价项目属于哪一优劣程度区段，然后再对照着评分标准打分。此外，可以用前面所介绍的简单评分法对方案进行定性的分析，从而确定其优劣程度的顺序，并确定评分。

第二，如果是有性能参数的数值要求等这类定量参数的评价项目，可以根据规定的最低极限值、正常要求值和理想值分别给0分、8分、10分（5分制时给0分、4分、5分），用3点定曲线的办法找出评分曲线或函数，从中求出其他定量参数值所对应的评分值。

②评分方式。通常情况下，评分方式要选择集体评分法，以降低评分时个人主观因素带来的影响。几个评分者根据每个评价目标，按照顺序对每个方案

打分，去除最高分和最低分，其他得分的平均值即最后所得分值。

3. 模糊评价法

模糊评价法是建立在模糊数学的基础上而进行的一种综合评价方法。模糊数学是 20 世纪 60 年代美国的控制论科学家扎德教授创立的，是针对现实中大量的经济现象具有模糊性而设计的一种数学分析模型和方法，并在实际应用中得到各领域专家的不断发展和完善。模糊评价法有两大特点：结果清晰、系统性强。评价中的问题很多都比较模糊、难以量化，模糊评价法能非常好地解决这一问题。它能够根据模糊数学的隶属度理论将定性评价转化成定量评价，也就是当某一事物或对象受到多种因素制约时，用模糊数学做出一个总体的评价。因此，模糊评价法适合用于解决各种非确定性的问题。下面通过对几个基本概念的解读来认识模糊评价法。

①模糊关系。在数学中，描述客观事物之间联系的数学模型称为关系。事物间除了清晰的关系和没有关系之外，还存在大量不清晰的关系，叫作模糊关系。比如，关系挺好、感情疏远、价格适中等。

②模糊子集。扎德发表的第一篇关于模糊数学的论文题为"模糊集合"，其中首次提出了模糊子集的概念。普通集合是描述非此即彼的明确状态，而模糊集合描述的是亦此亦彼的中间状态。因此，将特征函数的取值范围从集合 {0，1} 扩展到 [0，1] 区间连续取值，便可以定量地描述函数集合。模糊集合通常是特定论域的一个子集，所以称为模糊子集。

③隶属度与隶属函数。隶属度是指在衡量模糊的评价目标时，使用 0 到 1 之间的任意实数来评价，并非是简单地用"1"来肯定或用"0"来否定。例如，在评价一个产品的外形时，很难用"好"或"不好"来做一个确定的判断。取 1 作为绝对理想值，若有七成的好感，此产品的隶属度即 0.7；若根本不能接受，此产品的隶属度即 0。隶属函数即表示隶属度在不同条件下的变化规律的函数。

一般来说，产品设计评价项目包含了很多目标。采用模糊评价法进行评价时，首先要确定各个目标与加权系数的评价矩阵，然后运用模糊关系运算的合成方法求解。

产品设计是一门涉及多种学科的综合性学科，包括工程技术、价值工程、心理学、艺术等。在产品设计评价中，有许多软的评价目标，如审美性、宜人性等，这些用传统的定量分析办法是很难进行评价的，只能用好、差、非常、受欢迎等很"模糊"的概念进行描述。在进行产品设计的综合评价时，如果想要描述一个系统的美学特征，使评价滞留在一个较为抽象的水平上，用经典数学很难去实现，因为评价因素已经自然语言化，无法对其进行科学的定量分析。模糊数学则为我们提供了一种途径，使模糊思维与精确的经典数学之间建立联系，评价时用模糊数学法，能够数学化评价过程，使评价工作由定性转为定量。

总之，和传统的定量分析法相比，模糊评价法能建立数学分析模型，这加强了模糊评价法的可操作性，而且能对设计评价中众多的复杂因素进行更加深入、准确、客观的描述。虽然在所有的量化评价方法中，都无法回避专家主观因素产生的影响，但是在目前的各种公式评价法中，模糊评价法是最全面、合理的评价理论模型之一。

4.技术经济评价法

技术经济评价法实施的步骤是，先分别对方案进行技术评价和经济评价，求出方案的技术指标即技术价，以及经济指标即经济价，然后再进行综合评价。进行技术经济综合评价时，除了要考虑每个评价目标指标的加权系数外，所取的技术价和经济价都是相对于理想状态的相对值。这是技术经济评价法的一个特点。对方案进行技术经济评价的作用有两个方面：一方面有助于改进方案；另一方面能方便决策者对方案进行判断和选择，做出恰当的决策。

四、评价方法的选择和评价结果的处理

（一）评价方法的选择

要选择出最佳的评价方法，需要了解评价问题的性质和特点，以此作为选择的根据，而且要对评价的目的和要求有一个清楚、充分的认识。评价方法选择的关键就是了解每个评价方法并对实际问题进行清楚的分析。表6-4列出了几种评价方法的比较，可供选择时参考。

表6-4　几种评价方法的比较

方法	特点	适用情况
简单评价法	①简单、直观 ②精度差，粗略分析	①定性、定量的各种评价项目 ②对评价精度要求不高的情况
名次计分法	①简单 ②精度较高 ③通常需要多个人参加评价	①定性、定量的各种综合评价项目 ②对评价精度有一定要求的情况 ③方案较少的情况

方法	特点	适用情况
评分法	①精度高，稍复杂 ②需多人参加 ③分多个目标评价 ④工作量较大	①定性、定量的各种综合评价项目 ②对评价要求较高并且方案较多的情况 ③需要考虑加权系数的评价，但也适于不考虑加权系数的评价
技术经济评价法	①复杂，精度高 ②一般需多人参加评价 ③获得评分数据后，需要利用其他评价方法	①技术及经济性评价项目 ②对评价有较高的要求的情况 ③方案较多的情况更适用 ④需要表明改进方向的评价
模糊评价法	①需引进语言变量描述使模糊信息数值化 ②需经过调查而取得评价数据	①对造型、色彩、装饰、质感等的评价 ②宜人性等的评价 ③有关文化的和审美的评价

（二）设计评价结果的处理

在获取了大量评价信息后，需要选出最好的方案，就要对这些信息进行恰当的综合处理，来方便决策者做出最后的判断。以下讨论两种视觉化的处理方法。

1. 曲线化处理

曲线化处理，顾名思义，就是将信息以曲线的形式表达出来，在坐标轴上用描坐标点的方式分别表示出每个方案的评分结果，最后根据这些坐标点能描绘出这一方案的曲线图。这个曲线图能够更加直观地表示出某一个方案在某一个评价目标上的问题，从而方便改进和提高，也能清楚地显示出哪一方案最佳。图6-2评价统计曲线的示例描绘了两种评价方案。当有较多方案时，可以用 n 个这样的曲线图来表示。

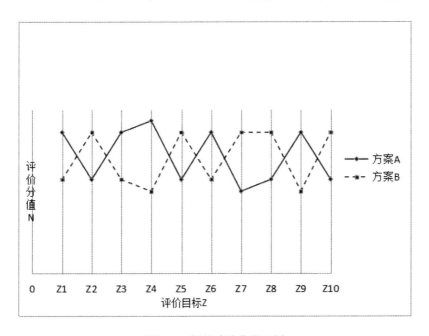

图 6-2　评价统计曲线示例

2. 图形化处理

图形化处理如图 6-3 所示，每个评价目标用一个坐标轴表示，获取到评价结果数据后，在坐标轴上用描坐标点的方式，描出某一个方案在某一个评价目标上得到的分值，然后将这些坐标点连接起来，形成该方案的图形处理结果。

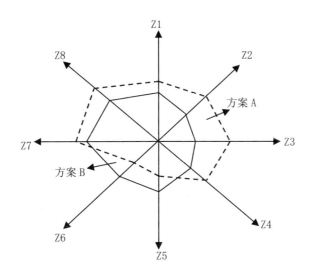

图 6-3　评价结果图形化

第七章 产品设计的相关实例

随着社会的发展，人们的生活方式不断改变，对生活品质要求越来越高，各种更为便捷的产品被设计出来。根据社会的需求，设计者从产品功能、风格以及实用性上，不断地进行研究改变。本章分为电子类的产品设计、文创类的产品设计、装备类的产品设计三部分。主要内容包括车载读卡器设计、音响设计、智能电子钟设计、儿童坐具设计、文具设计、无叶风扇设计、电动自行车设计等方面。

第一节 电子类的产品设计

一、车载读卡器设计

（一）设计要求

1. 产品功能

设计一款应用于公交系统中的读卡器（如公交车、地铁、有轨电车等）。主要功能有：读取乘客公交卡中的信息；显示刷卡金额和卡中余额；显示电子地图；标示车辆行驶路线等。

2. 产品风格

设计简洁，符合电子产品特点，并且风格应适用于车辆的内部环境，要能体现出交通工具的设计特点。

3. 材料工艺

塑料开模，局部可以使用装饰件。

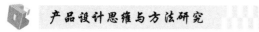

4.功能部件

LCD 液晶显示屏；刷卡区；提示灯；便于固定于公交车栏杆上的穿孔。

（二）设计分析与结果

1.造型设计上

从公共交通工具设计中提取造型元素，具体体现在：以公共交通工具的正面设计布局作为出发点，提取前挡玻璃、进气格栅、车灯等部位的造型元素，与读卡器的功能设置进行匹配。如将前挡玻璃异化为读卡器的显示屏，进气格栅的位置异化为读卡器的刷卡区，车灯异化为读卡器的指示灯。造型整体采用大弧度的圆角处理，体现出亲和、友好的界面感觉。由于该设计的设计语义均出自公共交通工具的造型设计，所以从语义传达上较为符合设计的对象和使用场所。

2.细节设计上

整体采用塑料材质，刷卡区和屏幕周围饰以金属色嵌件，在提升产品科技感的同时主要为了将功能区与其他部位进行区分，便于使用者对功能区的识别。颜色上采用米黄色与深灰色进行搭配，米黄色能够传达出温暖的语义，应用到公共服务场所会给设计受众带来温馨的感觉，且与车厢内的整体氛围相协调。深灰色属于无色系，与米黄色搭配能起到烘托正面色彩的作用，是比较安全的颜色。

结构设计上，预留了纵向和横向两种方式的穿孔细节，可以给产品的使用者提供两种不同的固定选择方式，既可以固定到横杆上，也可以固定到竖杆上。

二、电子密码锁控制器设计

（一）设计要求

1.产品功能

设计简易的电子密码锁控制器。设置清除键、开锁键。密码正确，开锁指示灯亮；密码错误，蜂鸣器响。

2.使用方法

密码长度设为4位，密码输入显示可见，按清除键，可撤销输入的密码，开锁指示灯灭。

（二）设计分析与结果

电子密码锁是一种通过密码输入来控制电路，从而控制机械开关的闭合，完成开锁、闭锁任务的电子产品。电子密码锁控制器通常由单片机最小系统、键盘、显示器、开锁驱动电路等几个部分构成。由键盘输入电子密码锁的密码，输入时显示器上显示相应数据，若密码输入正确，则开锁，否则，不开锁。

设计该电子密码锁时，需要设置 10 个数字键输入密码，以及相应的功能键，按键数量较多，如果采用独立式键盘，普通的 89C51 单片机引脚不够使用，所以需要采用矩阵式键盘。

三、音箱设计

（一）设计要求

1. 产品功能

设计一款音箱，主要用来输出电脑音频，要符合音箱电子产品设计特点。主要功能包括外放音乐、存储音频文件等。

2. 产品风格

要求造型能够体现个性化，符合年轻人的审美习惯，可以从目前流行的事物（如影视作品、服饰、卡通形象等）中吸取设计灵感。但主音箱和副音箱风格要统一，体现整体性的设计。

3. 功能部件

USB 接口、SD 卡、两个 LED 灯用以显示状态、主音箱一个、副音箱两个、主面板无导风管。

4. 产品尺寸

主音箱最大外形尺寸：宽 170 mm× 长 250 mm；深度：300 mm。
副音箱最大外形尺寸：宽 95 mm× 长 150 mm；深度：120 mm。

5. 材质要求

主副音箱均采用木材质。

（二）设计分析与结果

设计灵感来源于"变形金刚"。在满足设计尺寸和功能要求的基础上，音箱的主面板设计较多地体现了变形金刚"脸部"的设计元素。为了体现这些元素，采用了钻石切割的手法，同时保证切割后的每一部分体现造型的美感。

主副音箱均采用木材质，尺寸和形状均固定，所以可供发挥的地方主要体现在面板的设计上。面板材料选用铝材质和亚克力塑料相结合，两种材料无论在肌理上还是在颜色上都能够形成强烈的对比效果，增加了产品视觉表现上的层次感。两个用以显示状态的 LED 灯，设计成"变形金刚"的"眼部"细节，位于两种材质交界的位置，除了保证造型上更加接近于设计原型，也能为整个面板增加设计亮点，成为视觉中心。

由于主面板无导风管设计，可以让面板造型显得更整体。在主副音箱面板设计的统一性上，采用一致的造型线。同时为了突出主面板的设计，副面板采用弱化、虚化的处理手段，色调选择也较为保守，材质选用网面的纱布，和主面板高亮的风格形成了鲜明的对比。

总之，该设计采用了联想设计的方法，将《变形金刚》中的动画角色借用到音箱设计中来。为什么选择《变形金刚》中的元素？因为其中的诸多角色已经深入人心，尤其对于某个年龄阶段（比如80后）的用户群体来说，"变形金刚"是他们童年回忆中很重要的一部分。所以，这是一种典型的"搭顺风车"的做法。但元素的直接借用是不行的，还需要根据设计的目标（音箱）进行元素的整合，使之能够符合音箱的造型设计特点，并且要符合音箱的结构、材质和尺寸要求。而设计师的工作重心正在此处。

四、智能电子钟设计

（一）设计要求

①以 24 小时计时方式工作，显示日期和时间，具有校时功能。

②具有整点报时功能。

③可设置闹钟时间，闹钟响铃时间 1 分钟，也可通过按键关闭闹铃。

（二）设计分析与结果

细化功能特点和使用方法，确定系统的基本结构和关键器件。要充分利用单片机的硬件资源，合理分配单片机的 I/O 口，提高产品的性价比。必须考虑其驱动能力。驱动能力不足时，系统工作不可靠，可通过增设线驱动器增强驱动能力或减少芯片功耗来降低总线负载。可靠性及抗干扰设计，包括芯片器件选择、去耦滤波、印刷电路板布线、通道隔离等。必须制定严格的调试步骤，保证仪器、仪表和器件的安全。

根据客户和使用者对电子钟的功能和技术要求，把程序应该具备的主要功能写清楚、写仔细。把整个程序划分成几个主要的功能模块，画出功能模块结构图，并对存储器、标志位等单元做具体的分配和说明。对单片机编程语言的资料、单片机芯片资料、日历时钟芯片的资料和应用案例、显示器相关资料进行程序编写。此外，再编写另外一个功能程序，以便于调试、定位错源。

五、车载空气净化器设计

（一）设计要求

1. 使用环境

这是一款车载空气净化器的设计，所以，设计要符合车载类产品的特点。方便放置和拿取，并且其尺寸要遵循汽车内部的相关尺寸要求。

2. 产品风格

设计风格清新，既要有电子类产品的特点，科技感又不要太强，应给人以温暖的感觉。

3. 使用方式

为了增强产品的操控感和操作时的"确定感"，本净化器采用"实体按钮"的操作方式，并且简化了控制流程和数量。其控制面板主要有三个按键，分别为"打开 / 关闭运行指示灯""负离子强度调节"和"电源开关"。

（二）设计分析与结果

该净化器的设计风格定位为简洁、清新与温暖感，灵感来源于中国传统的保温容器"暖水瓶"，并对其进行再设计，将净化器和暖水瓶的设计元素进行选择与整合。

从造型上来说，设计整体风格取材于"暖水瓶"，并以明确的分割线（结构线）对造型的功能部分进行划分，分离出进气口、出气口以及主体部分。三部分的语义都没有逃出"暖水瓶"的功能分割，分别对应着瓶底、瓶塞和瓶身三个部分。所以，净化器造型上的设计继承和提炼了暖水瓶的设计元素，并与净化器产品的设计语义进行了充分的融合。

从功能实现上来说，暖水瓶的使用状态和净化器的运行模式也有一定程度上的契合度。试想，净化器在使用过程中，气流由底部进气口进入，经过层层过滤，最后通过出气口排出的状态正与暖水瓶掀开瓶塞后，不断逸出的水汽相像。这完全是一种使用情景和意境上的契合，这种体验感或者画面感的存在，能够让使用者产生很多微妙的心理感受，也在一定程度上拉近了使用者与产品之间的距离。

从产品材料上来说，为了实现产品小清新与温暖感的定位，需要从材质上进行充分的考虑。整个产品的材料主要由塑料和硅胶组成，塑料体现在产品的主体设计上，硅胶体现在产品的手持部分，包括产品的操控面板的设计上。这类似于一个带有硅胶套的保温杯的设计，让人触摸的时候有一种温暖的感觉。同时为了体现产品的科技感，除了造型风格的简洁化处理之外，还将其进气口和出气口的部分材质进行了金属化喷涂处理，使产品在视觉上有了鲜明的材质对比，增强了层次感。

六、臭氧发生器设计

（一）设计要求

1. 使用场所和功能

该产品主要应用于厕所，用来祛除厕所产生的异味，并能进行臭氧杀菌，保持环境清洁。除此之外，该产品还配备有小夜灯功能，能够在夜晚起到一定的照明作用。

2. 成本控制

该产品为简单电子产品，需塑料开模，且模具数量不要超过三件（局部可以使用装饰件）。

3. 产品风格

产品设计风格简洁，既要符合电子产品特点，又要具有亲和力。

（二）设计分析与结果

该设计两款方案均采用圆角矩形作为产品的总体造型特征元素，目的是体现产品圆润、简洁和具备亲和力的造型风格。

产品由三部分组成，可根据造型特征分为三个模具，其一为上壳，其二为下壳，最后为小夜灯罩壳，最大限度地减少了出模数量，节约了成本，但设计质量并未因此而大打折扣。将出氧口和小夜灯进行了巧妙结合，并将灯饰部件设计为整个产品的点睛之处，而出氧口又可以成为重中之重，既节省了设计成本，又使产品具有了视觉中心。

　　为了迎合产品大弧线圆角矩形的整体风格，产品的侧边也采用大弧度倒角的处理手法，使整个产品如鹅卵石般圆滑，给人以非常良好的视觉体验，让人有一种想要抚摸的意愿。由此，产品的亲和力得以体现。

　　最后，为了打破产品过于平整柔和的外观特点，将指示灯、产品 Logo 以及装饰性的圆点作为打破产品界面平衡的关键要素。将指示灯放置于产品的侧边，可以使产品看起来更加灵动；尤其要提及的是装饰性圆点的布局设计。这些无实际功能性的装饰圆点可以使产品界面看起来更加丰富。当然，这是一个冒险的做法，纯装饰性元素的使用会使界面上的语义传达产生误差，给使用者带来不便。所以，即便是装饰性的元素也应该具备界面设计的功能性，比如起到视觉上的强调，突出或者规范视觉元素的目的。

七、网络型指纹身份验证系统设计

（一）设计要求

　　①指纹鉴别采用 1∶1 比对。

　　②验证装置采用脱机形式，先通过以太网将存储在服务器中的被验证人的指纹特征下载到验证装置中，然后由其完成身份验证任务，并将比对结果返回到服务器。

　　③该装置应具有 IC 卡读卡器，也就是说，在不具备网络功能时也能独立工作。

　　④人机接口部分采用液晶显示和 4×4 键盘，要求能显示汉字。

　　⑤用 220 V 交流电源供电。

（二）设计分析与结果

　　我们所说的指纹识别，实际上是将现场采集的指纹与预先储存好的指纹进行比对，根据其特征匹配与否，来判断出被验证人的身份。1∶1 对比是将新采集的指纹与已存储在某种存储介质中的某一个指纹进行对比，看其特征符合与否。

　　脱机形式是将指纹采集部分和指纹鉴别部分集成在一起，指纹身份识别可以不依赖于个人电脑而独立进行。实际上，脱机型指纹鉴别装置本身就是由单片机、DSP 或 ARM 等为核心构成的小型嵌入式系统，预先采集的指纹存储在其半导体存储器或者是其所附带的其他存储装置（如汇卡）中，利用嵌入式系统的微处理器去替代个人电脑来完成指纹识别功能。

网络型指纹身份验证系统由带以太网接口的指纹和采集验证装置、后台服务器和相应的网络设备组成。

八、共振音箱的设计

（一）设计要求

1. 产品原理

共振音箱是以其所接触的介质表面的振动来传播声音的，而非传统的靠空气振动的方式，它不需要有喇叭，所以，共振音箱具有更大的设计余地。

2. 造型特点

造型应符合电子产品的特点，设计应生动，趣味性强，适合家居环境。

3. 使用方式

可以采用桌面式或者壁挂式的方式。

（二）设计分析与结果

这是一款壁挂式的共振音箱设计，设计灵感来源于"蝉"，是一个仿生设计案例。在设计的过程中，通过运用"心智图法"围绕"声音"关键词进行思维的发散，广泛联想能够与声音建立关联的事物。之所以最终选择了"蝉"，有如下原因。

其一，同样是声音的传播，蝉的"鸣叫"与音箱的"发声"有着强烈的关联度，所以，选择蝉作为音箱的"代言人"再合适不过。

其二，蝉的自然特征（形态）具有较大的设计余地，可以与音箱的功能设置进行有机融合。

其三，蝉的存在状态（贴附于树干上）能够满足音箱"壁挂式"的设计诉求。且从心理感受上讲，这种安装也顺理成章，人们很容易接受一只趴在墙面上的蝉，因为蝉的形象并不容易引起人们的反感情绪（这一点不同于苍蝇、蚊子之类）。

综上所述，蝉的形象选择能够满足使用者对于壁挂式音箱的几乎所有合理的想象，且蝉的自然属性决定了其具有很大的设计价值。于是，我们将蝉的身体进行简洁的风格化处理，广泛采用钻石切割的设计语言，使之符合电子产品的特点；将蝉的眼睛异化为音箱的指示灯，同样进行几何化的处理；为蝉的翅膀赋予调节音量和切换歌曲的功能，只需拉拽翅膀的边缘轻轻旋转即可完成操作；当然，蝉的背部嵌入小尺寸显示屏，可以用来即时显示音箱的播放状态。音箱的共振源位于蝉的底部，这正是与墙面接触的部位。而蝉的翅膀则处理成拉丝金属质感，更增加了其与身体部位材质和色彩的对比，使其造型在视觉上更具层次感。

九、数字温度计设计

（一）设计要求

1. 功能要求

①检测的温度范围：0 ～ 100℃；检测分辨率为 +0.5℃。

②用 4 位数码管来显示温度值。

③超过警戒值（自己定义）要报警提示。

④能准确显示当前环境温度。

⑤有清零功能和自我调整功能。

2. 硬件要求

①温度传感器 DS18B20。

②单片机 89C51。

③3×4 规格键盘。

④4 个七段数码管（LED）。

⑤A/VD 转换。

（二）设计分析与结果

数字温度计采用温度敏感元件，也就是温度传感器（如铂电阻、热电偶、半导体、热敏电阻等），将温度的变化转换成电信号的变化，如电压和电流的变化，温度的变化和电信号的变化有一定的关系，如线性关系、一定的曲线关系等。这个电信号可以使用模数转换电路（即 ND 转换电路）将模拟信号转换为数字信号，数字信号再送给处理单元，如单片机或者 PC 机等。处理单元经过内部的软件计算将这个数字信号和温度联系起来，成为可以显示出来的温度数值，如25.0℃，然后通过显示单元，如 LED、LCD 或者电脑屏幕等显示出来。这样就完成了数字温度计的基本测温功能。按照系统设计功能的要求，确定系统由 3 个模块组成：主控器、测温电路和显示电路。

十、旋钮音箱设计

（一）设计要求

①设计一款传统音箱。

②要求使用环保材料。

③设计风格可参考日本"无印良品"设计。

④设计要节省成本。

（二）设计分析与结果

该设计由深泽直人先生的"CD播放器"启发而来，通过一种较为"原始"的方式——转动旋钮，来控制音箱，激发人们的怀旧心理。

在该设计中，设计者尽量用最少的元素来展现产品的功能，如刻意将"旋钮"放大至整个产品的大小，最大限度地突出了"旋"的语义。材料选择廉价环保的竹材，因为竹材获取方便，生长周期短，且加工方法成熟。而竹子本身也与"声音"有着某种内在的关联，如竹子经常被用来制作各式各样的乐器，再如清风拂过竹林所发出的清曲的声响总能将人带入一种曼妙的意境中去。所以，使用竹材作为音箱的主要原料还有一种回归产品本质的意义。

总之，这是一个"音箱"的设计，整个设计由一个旋钮来控制开关和音量调节，除此之外没有任何其他的设置。这种"适可而止"的设计思想正体现了无印良品所倡导的自然、简约、质朴的设计理念。

第二节　文创类的产品设计

一、衣帽间椅子设计

（一）设计要求

①设计一款整洁舒适两不误的椅子，要求由多部分组成，既能够起到收纳的作用，又可以为人们提供休息的地方。

②外形简洁，能起到装饰作用。

③材质要求结实耐用，不易损坏。

（二）设计分析与结果

经过调查分析，我们发现在衣帽间或者试衣间换衣服时，如果穿得过多，衣服就没有地方放，堆在一起就很杂乱。要设计出一款椅子，在我们换衣服的时候能够寄存我们换下来的衣服。

工业设计师乔伊·泽隆近日在知名家具设计师马歇·布劳耶的代表作cesca座椅上加入了自己的创意，将连续的钢管结构与衣架组合到一起，组成一把"衣物寄存椅"。去掉了我们传统印象中椅子的坐垫和靠背，将衣架一个一个的套到钢管结构上，组成椅子，为了防止衣架下滑，还专门设计了焊钢圈。衣架的塑料质感也有着让人惊奇的舒适感，而且经过测试这些衣架组合到一起还是非常牢固的，整个人坐上去完全没有问题。这样平淡无奇的两种物件的组合收获了惊人的效果，充分地解决了生活中常见的难题。

二、并蒂莲·调料罐设计

（一）设计要求

①设计一款具有趣味性的调料罐，要求由多个部分有机组成，能够分装不同的调料，且设计为一个整体。

②设计要具有装饰性，无论是使用状态还是放置状态，都应能体现足够的美感，且能够很好地融入家居环境中而不显得突兀。

③要求有包装设计，且包装应朴实大气，使用环保材料。

（二）设计分析与结果

经过分析，我们需要选择那些由多个相似部分构成的，而又自成一体的事物作为设计的来源。这样的事物有很多，以植物界为例，如大蒜（整体的大蒜以及蒜瓣）、橘子（整体的橘子以及橘子瓣）等，可以列举出很多。其实这些都可以作为设计的素材。但我们更想选择那些具有一定象征意义的元素，而且单体的数量不必太多（大蒜瓣的数量显然超出了）。这个时候，我们想到了并蒂莲。

在中国古代，并蒂莲被视为吉祥、喜庆的象征以及和善、美丽的化身。并蒂莲常用来形容夫妻恩爱、百年好合或者兄弟情同手足、感情深厚等。在晋朝的乐府诗中，更有"青荷盖绿水，芙蓉披红鲜。下有并根藕，上有并蒂莲"的佳句传诵于世，可见，并蒂莲是莲花中之极品。

该调料罐的设计以"并蒂莲"作为造型来源，除了语义上的象征意义之外，重点强调两种不同调料的"亲密"关系，这样会保证设计的整体性。同时为了区分不同的调料，将"并蒂莲"的主体（莲蓬）部分设计成了不同颜色。想象一下，当用户在使用这个调料罐的时候，"并蒂莲"定会像情同手足的两兄弟一样亲密无间、通力合作，出色完成任务。

莲蓬上面规律排列的突起的"莲子"正好充当了调料的出口，这个恰到好处的安排正好解决了产品功能和形式的对应问题。而这个对应也很容易为使用者所认同，我们猜想没有人会面对着那些突起的带有圆洞的部位而不知所措。这便是语义传达的力量。

在包装设计上，选择牛皮纸作为包装材料，因为牛皮纸符合该设计对于包装的定位：朴实、低调、结实耐用。更为重要的是，它很环保。

三、天塔·石蜡灯

（一）设计要求

①设计一款具有天津地方特色的礼品设计。
②设计要求简洁、实用、节省成本。
③设计受众人群主要是学生。

（二）设计分析与结果

该设计取材于天津的地标建筑——天津广播电视塔，运用设计的手段，将天塔轮廓元素进行加工，去繁就简，并对其比例进行调整，演化为一款灯具设计。

这个过程中，对设计元素的加工和处理比较重要。原则上，既要保证设计原型（天塔）的重要特征，又要将一些与设计无关的细节元素去掉，才能使设计作品看起来简洁而又具有明显的地域特征，而这也是礼品设计的必然要求。因为带有地域特征的礼品设计并非一些地方特色的缩小产物，如长城、故宫、埃菲尔铁塔等，针对它们的礼品设计必然是取其最有价值之元素，进行提炼加工。

在产品的材料选择上，选择成本低廉的石蜡作为原材料。石蜡具有加工方便、成本低、透光性好的特点，并且根据需要，有丰富的颜色可以选择，能够作为礼品灯具的生产材料。

四、超形象儿童分类衣柜设计

（一）设计要求

1. 产品功能

设计一款儿童衣柜，能够分类收纳儿童的衣服，并且具有趣味性，能够引起儿童的兴趣。

2. 产品风格

在造型设计上生动有趣，使儿童能够一目了然，能够迅速找到衣物。

3. 材质要求

使用符合国家标准的环保材料。

（二）设计分析与结果

在儿童衣柜的设计方面，关于造型首先要考虑安全性，不能有过多尖锐的棱角，避免发生磕碰，设计尽量简单化，让儿童能够掌握使用方式。

设计师将这款衣柜设计成推拉式抽屉，每个抽屉都设计成所放衣物轮廓的样子，可以使儿童一目了然，迅速找到衣服。这样的设计富有童趣，可以鼓励孩子自己动手整理衣物。

在儿童衣柜的选材上，一定要注意环保，衣柜整体选用环保材料实木板材，喷漆选用水性环保漆，降低甲醛含量，保证儿童的健康。

五、儿童坐具设计

（一）设计要求

1. 产品功能

设计一款儿童坐具，同时能起到收纳玩具的作用，并且界面温和，使用指向性明确，设计要对儿童的身体不构成伤害。

2. 产品风格

设计造型、色彩和使用方式要符合儿童用品的特点，符合儿童对造型、色彩的认知习惯。

3. 设计材料

设计材料选用 PP 塑料。

149

（二）设计分析与结果

由于该设计是一款儿童用品设计，所以从造型的角度上来说，最好采用仿生设计的方法，从自然界中寻找设计的灵感来源。设计要求为一个坐具设计，我们联想到与坐有关的自然物中，树桩、树杈、马背等与坐有关的形象会首先跳脱出来。经过权衡，选用树桩作为造型来源，因为考虑到该坐具设计还要兼顾收纳的功能，树桩造型可以设计成对称状态，操作起来会更加方便。且选用树桩作为设计元素，还可以有一定的附加情感因素，如可以唤起大家的环保意识，具有一定的设计教育意义等。

功能实现上，该设计可以分为两个主要部分，即作为"盖子"存在的坐具主体部分和作为收纳空间存在的底部空间。同时，产品的使用可以分解为两个状态，其一为扣上盖子的状态，其二为打开盖子的状态。在前一个状态下，设计整体可以作为一个坐具而存在，同时，"树杈"两端的圆形入口可以用来向坐具内部投放物体，从而实现收纳的功能；在后一个状态下，取下的盖子同样可以作为坐具而存在，同时底部收纳的空间可以一览无余，取拿方便，满足孩子存放玩具的需求。另外，该设计"树杈"造型的两端方便使用者握持和搬运，造型和功能达到了统一。

颜色设计上，考虑到儿童对色彩的认知习惯，选择明度和纯度比较高的颜色，产品上下两部分采用统一的色调。

六、鸟鸣水壶设计

（一）设计要求

1. 功能特点

设计一款烧水壶，烧水等待时间短，并具有提醒功能，防止发生干烧意外。

2. 设计风格

水壶造型时尚有趣，方便实用。

3. 材质要求

制造水壶选用食品级 304 不锈钢，健康环保。

（二）设计分析与结果

壶身形状遵循热循环原理，均匀受热，减少等待的时间。采用食品级 304 不锈钢制作壶身内外，健康安全。提手部位使用 PP 环保塑胶，耐高温，耐腐蚀，设计符合人体工程学，手感舒适。

人性化是这款开水壶的主要特征，提手部位的加粗橡胶，清晰地提示手握的位置，提高了手感舒适度，防止了烫伤的发生。壶嘴上端的鸟形气哨，在水开时会发出鸣叫，提醒人们关火，防止水壶烧干发生意外。

七、文具设计

（一）设计要求

1. 拟解决的问题

当我们在整理文件的时候，经常需要手边有一支笔，用来随时记录一些信息，这是第一个诉求点。但笔的存在如果不跟其他物品产生关联的话，则很容易被丢掉。设计一个不容易被遗忘的记录工具，则是这个设计的第二个诉求点。所以，如何将记录工具与文件进行结合，是设计师要解决的关键问题。

2. 产品功能

能够用于文件的归纳整理；能够作为记录工具来使用；能够方便取放，不易被丢弃。

（二）设计分析与结果

设计师为这款设计取名为 Clip pen，顾名思义，是指该设计能起到曲别针和笔的双重作用。

如前所述，当整理文件的时候，曲别针是我们的好帮手，但是，我们经常需要随时记录一些东西。这就需要一支笔，随时携带一支笔并不是一件轻松和方便的事情，我们经常会面临丢失笔的尴尬情况。

Clip pen 通过将笔芯处理成曲别针的造型，从而将曲别针和笔进行结合，方便人们在整理文件时能够随时对信息进行记录，而不用额外准备一支笔。该设计也能有效解决笔的丢失问题，节约了办公成本。

这是一个典型的依靠"缺点列举法"和"移植设计法"进行创意设计的案例。首先通过找出现有产品的缺点，确定设计目标，然后运用移植设计法找到解决问题的方法。设计师在设计的过程中经常需要综合运用多种设计方法进行设计创意的发散和设计问题的解决。

八、牛奶糖罐设计

（一）设计要求

1. 产品功能

设计一款有趣的罐子，让它能够在放牛奶的同时也能够放糖，让人们在使用的时候更加方便。

2. 设计风格

小巧精致，富有趣味性，能够吸引人们的注意。

3. 颜色要求

白色，给人干净整洁的印象。

（二）设计分析与结果

巧妙运用牛顿万有引力定律，一个有趣而实用的设计。奶壶上部内壁的两侧设计有两个向内凸起的支点，支撑一个小巧的糖碗，当倾倒牛奶时，糖碗依靠支点支撑，摆荡向上，始终保持平衡。往奶杯中加糖的动作，可顺势完成，一气呵成。

九、"中华龙舟大赛"奖杯设计

（一）设计要求

这是为一个奖杯设计征集比赛所做的提案设计，其设计要求如下：

①以中国龙的头部为主题，进行奖杯造型设计，表现形式不限，使用软件不限。

②造型端庄、健康向上，突出中国龙的传统神韵，适合用作大型体育赛事奖杯。

③设计时需考虑材料及加工工艺，便于后期奖杯的制作。

（二）设计分析与结果

本设计以抽象的龙形为主要设计元素，借鉴了中国传统的回形纹图案，并融合到龙形设计当中，网时借鉴了中国印作为奖杯的载体。该设计主要有如下几方面的寓意：

①回形纹是中国传统的吉祥图案，表达了源远流长、生生不息、九九归一、

止于至善的中华民族优秀文化精髓，寓意中华龙舟大赛经久不衰，在弘扬中华民族传统体育文化事业上具有持续恒久的推动力。

②中国印作为中国汉文化的典型符号，能够代表中国精神、中国气派和中国神韵，这一具有鲜明民族特性的符号象征了中华龙舟大赛的地域特征。同时印章在中国是一种权威的象征，将印章创造性地应用到奖杯设计中来，恰恰体现了该项龙舟赛事的权威性和高级别。

③该设计通过抽象表现手法提取的中华龙形象取自蟠龙造型，蟠龙在中国传统文化中有盘旋飞翔、蓄势待发之意，造型虽不张扬，但内在充满力量。那龙头高昂，身体蜷曲，仿佛随时都要飞腾而去，其动静结合的造型特点正是那些龙舟赛上运动员的漫画像。

④设计整体造型简洁，加工方便，可分为三段分别进行加工，中段采用水晶材质，上下部分可用金属工艺加工方法，如采用锌或铝合金的压铸方法进行加工。表面可采用电镀方法生成不同的材质效果。

十、挂钩笔设计

（一）设计要求

1. 待解决问题

要用笔，可就在眼前的笔翻来翻去怎么也找不到的问题；带了笔出门却在使用完毕后没有及时收好而遗失的问题；忘记扣上笔帽致使衣物或者包袋脏污的尴尬。

2. 产品功能

首先作为一支笔，要具有书写功能；其次是方便拿取；最后是笔及笔的配件不易丢失。

3. 针对人群

主要是办公室白领和工程师等工作人群。

（二）设计分析及结果

经过分析发现，大部分白领或者工程师都习惯在笔侧或者笔帽上加一个别片，方便使用者将笔别在衬衣口袋或者笔记本书页上。然而随着社会发展和现代化办公环境的变化，不仅穿着上更休闲化，女性工作者的增多更是让这一问题更加凸显——不是所有人的上衣都有胸前口袋。

通过在笔头加置一个挂钩的方案，使这一问题迎刃而解。并且，挂钩的设计让整支笔的形态自然而然地拥有了独特的个性。同时通过产品内部的机械结构，实现了让挂钩与笔尖联动即锁扣打开与笔头伸出同步，此时自然是使用状态；反之则是非使用状态，锁扣闭合时笔头自然收起。通过这些巧妙的设计构思，设计师成功地让使用者在使用过程中，顺畅自然地避免了上述问题，并且也使这支笔独具风格。

视觉上的大挂环，让用户轻松地就能理解它可以挂在任何需要的地方，但使用过程中，只要将笔侧面的按钮向下按动，挂钩开启，即可轻松取下，同时笔尖滑出，以供使用。同样，使用完成后，也需要关闭挂钩同时收回笔尖，这个动作又自然而然地提醒了使用者回收自己的笔。

十一、咖啡具设计

（一）设计要求

1. 设计方向

简洁性、时代性、民族性、易用性。

2. 设计定位

针对 20 ~ 30 岁的中国消费群体，更倾向于民族多样化、简洁化、个性化的咖啡具。

3. 材质要求

选用优质骨质瓷。

（二）设计分析与结果

从调查中可以看出，咖啡具可以是家庭中的个人使用，也可以是店铺中的个人使用。中国人自古就有饮茶的喜好，因此，尽管饮用咖啡是西方饮食文化的传入，但是在设计和使用中还是会体现中国特有的饮食习惯，同时设计中还要充分体现多元化和人性化的设计。

咖啡作为时尚饮品，人们对它青睐有加，因此，咖啡盛装容器的设计不仅要在功能的设计上考虑，同时还要将咖啡具传达给使用者的美好精神感受融入设计中来。在咖啡具的设计形态上吸收大海中海带、海豚的外形，通过符号化将产品系列化。

第三节　装备类的产品设计

一、无叶风扇设计

（一）设计要求

1. 功能特点

设计一款新型风扇，可以自由调整俯仰角、遥控控制、液晶显示室内温度及日期时间。

2. 产品用途

在炎热的夏季，利用电能产生自然风从而达到乘凉的效果。

3. 设计风格

新颖时尚、节能、环保、安全。

（二）设计分析与结果

无叶电风扇也被叫作空气增倍机，它能产生自然持续的凉风，由于没有叶片，不会被尘土覆盖，或者伤到好奇儿童的手指，既安全又易于清洁。更奇妙的是，无叶电风扇的造型奇特，外表既流畅又清爽，给人造成无法比拟的视觉效果。

和大多数桌上风扇一样，无叶电风扇能转动 90 度，而且还可以自由调整俯仰角、遥控控制、液晶显示室内温度及日期时间，在设计上更容易操作，更具人性化。设计新颖时尚，因为没有风叶，阻力更小，且没有噪声，没有污染排放，更加节能、环保、安全。这款风扇开创了无叶风扇的先河，从技术到外观都改变了人们对风扇的固有看法。

二、汽车尾气检测仪设计

（一）设计要求

1. 主要功能特点

①符合国家 GB/T18285—2005 标准。
②采用部分光红外吸收法原理测量汽车排放废气中的 CO、HC 浓度。
③配置 7 英寸 LCD 液晶显示屏，支持多种语言操作菜单。

④配备 RS-232C 数字串行通信接口，方便联网。

⑤具备怠速、双怠速测试功能。

⑥可配置打印机，打印时可输入、输出车牌号码及时间。

⑦具备 500 组以上数据存储功能、查阅功能。

⑧可选配逆变器，随车检验油温和检测转速。

⑨可针对以天然气、液化气和汽油三种能源为燃料的车辆进行尾气检测。

2. 取样方式

尾气：直接取样，取样管长度 5 m，取样探头长度 900 mm。

油温：温度传感器插入发动机机油尺孔中，插入长度与油标尺长度相同。用橡胶塞堵死，以防机油喷出，导线长度为 5 m。

转速：非接触型测量方法，只要靠近汽油发动机的高压软线距离不大于 20 cm，即可检测汽油发动机的转速。

3. 相关参数

尺寸：460×315×255（mm×mm×mm）。

质量：9.8 kg。

（二）设计分析与结果

这是一个汽车检测类设备设计，设计的重点有三个：①设计中人机工程学的考虑；②产品操控界面的设计；③产品设计中的成本控制。下面分别加以讲解。

首先，从造型上来说，采用了仿生设计的手法，设计灵感取自一只昂首仰望的小动物。但这又不是单纯造型上的考虑，从人机工程学的角度上来说，其昂起的"头部"使产品操控界面与竖直方向保持了一定的角度，正好与人在操作机器时的观察视角相吻合；而机器顶部黑色的管状提手设计也是该设计的亮点之一，有别于现有产品提手部分的设计，它可以使用户在移动该机器时腕部处于垂直状态，从而更加省力，就像拎一个购物筐一样。

其次，从界面设计上来说，主要是对显示屏、打印机和公司铭牌（Logo 信息）三个组成部分的布局和排列。将屏幕置于界面的左侧，而将打印机放到界面右下角，非常符合一般操作者用右手来撕取票据的习惯。

最后，从成本控制上来说，本设计全部选用钣金来加工制作，无塑料嵌件（打印机和屏幕模块为标准购置件），更无模具费用，整体风格简洁、统一，没有与产品功能无关的设计元素存在。

总之，这是一个检测类设备的设计，其设计语言遵循了该类设备的相关特点，但又有所突破，设计师为其加入很多灵动的细节。其中，采用仿生设计的手法进行设计就已经使产品具备了和人进行"沟通"的能力，它打破了该类产品固有的刻板印象，转而生动起来，让使用者在操作时充满了乐趣。

三、自拍杆设计

（一）设计要求

1. 产品功能

设计一款更加便携的自拍杆，具备保护手机、支撑手机以及自拍的功能。

2. 设计风格

小巧精致，时尚前卫，收缩后体积小巧，能够放到包袋或者口袋。

3. 伸缩尺寸

伸缩尺寸设计成 20 ～ 120 厘米。

（二）设计分析与结果

近年来，由于智能手机的风行，厂家们越来越注重手机摄像头的像素，自拍这件事也逐渐风靡起来，但是，由于受限于手臂长度，人们手握手机进行自拍的话，总会遇到屏幕宽度限制或者人脸变形等诸多问题，令照片上的自我形象失真，难以达到理想的自拍效果。因此，自拍杆应运而生。

自拍杆被使用最多的情境是在旅行途中，自拍杆收缩后体积小巧，非常适合放置在包袋或口袋中，需要的时候立刻取出，轻松伸展设置，完成拍摄。

经过研究设计出的这款自拍杆，同时也是一款手机壳。收缩状态的时候是一款简单时尚的手机壳，整体向后打开的时候可以支撑手机，可以在看电影的时候使用，将背后的条形柱旋转伸开，就可以用作自拍杆。这款自拍杆将手机保护、手机支撑、自拍功能集于一身，让便携更彻底，让自拍更方便。

四、交流式电动汽车充电桩的设计

（一）设计要求

1. 产品功能

①充电功能：按照国家相关标准提供额定电压 220V，最大电流 32A 的交

流充电功能，充电插座采用按国标设计的 7 芯插座，通用性强。

②多种充电方式：可选择定时间充电、定电量充电、定金额充电以及自动充满模式。

③人机交互功能：配置单色 LCD 与按键人机操作界面。

④计量计费功能：配备电子式多功能电表，能准确进行电能计量。

⑤保护功能：具有完善的故障保护和报警功能，包括过压、欠压、过流、短路保护以及漏电保护等功能。

⑥急停功能：具备急停按钮，在紧急情况时能够强行终止充电。

2. 加工要求

产品推荐采用钣金加工，局部可使用塑料件。

3. 造型要求

要体现科技感和具备流行时尚风格，简洁大方，识别力强，界面设计符合人机工程学。

（二）设计分析与结果

这是一款造型取自苹果"硬边风格"的充电桩设计，银色拉丝金属边框的设计使产品的科技感十足，且非常具有时代感。主体面板采用整体设计，由一整块深蓝色的钣金构成，操作部分向内弯折一定角度，满足了人机工程学对于操作者观察视角的要求。

边框左侧的三角形凹陷细节处用来放置充电枪，这一明显的转折处理也给人以功能上的提示，醒目而具有实际的功效。而深颜色的面板配以明黄色的标识和白色线状文字，使充电桩的前面板颇具画面感。面板上方的照明灯设计使操作者即使在晚上也能够顺利完成充电。

另外，充电桩顶部完整无接缝的设计可以保证产品能够在放置到户外时不必担心雨水渗透的问题。

五、LG 盛唐纹冰箱设计

（一）设计要求

1. 设计定位

这款冰箱的设计主要是针对新房装修以及因结婚需要购买冰箱的人群，满足中国人对喜庆的要求。

2. 设计风格

采用中国红的主色调，表现出将来生活红红火火的含义。

（二）设计分析与结果

花纹本身的绘制不难，但是要做出漂亮的中国红，并不是所有的传统冰箱材质都可以做到的。LG 最终在这款产品上选择了玻璃背部印刷、背部雷雕的方式，并在其中镶嵌施华洛世奇水晶。这样的表面处理方式赋予产品全新的文化价值，使家电超越单纯功能化的产品内涵，满足用户更深层的情感需求。

在此之前，冰箱基本都是白色和银灰色居多，LG 推出的这款大红色可谓十分大胆，所以，红色的盛唐纹冰箱虽在市场上显得特别另类，却贴合了中国新人追求欢乐热闹的新婚喜庆心态，因此热卖。

六、电动自行车设计

（一）设计要求

1. 设计定位

该设计定位于 20 ～ 30 岁的年轻男士，旨在为那些追求个性交通工具的炫酷一族们设计一款动感十足的"酷车"。如果用三个关键词来形容该产品的设计定位的话，就是个性、时尚、科技。

2. 设计风格

如前所述，设计应能体现运动感与"炫酷"感，应能在车身设计中体现较多的时代元素，可从汽车车身设计中汲取灵感。有别于那些简易车的设计，这又是一款"包圈式"电动自行车的设计，需用到较多的塑料件，所以，零件设计的分模件与成本控制至关重要。

3. 使用环境

该车为城市用车（那些对使用电动自行车有限制的城市除外）。一般情况下，城市路面状况较好，这就要求电动车的底盘与地面之间的距离不必如"越野摩托"般那么大。

（二）设计分析与结果

该设计紧紧围绕"酷车"的设计要求，定位于富有个性，对时尚和科技元素比较敏感的年轻人。通过搜集和查阅大量与产品目标人群相关的场景图片，借此分析和提炼目标人群中对个性、时尚和科技的理解与表达方式，并进一步提炼为设计元素，以便应用到最终的设计方案中去。在本设计中，设计师分别就设计需求的三个方面进行解析。

首先，设计的个性化方面，从摩托车设计中汲取灵感，通过大鞍座设计、个性化的前脸面板以及霸气十足的尾部细节，都能够使该电动车的造型从众多"标准化定制"的产品中凸现出来。而且，整车各个部分的设计元素具备关联性和统一性，如设计中反复使用的如肌肉般的块面元素构成，就使整车的力量感得到十足体现。

其次，设计的时尚性方面，电动车的每一根线条都经过了认真的推敲和加工，线条之间相互协调，使整车呈现出了动感的流线型风格。其中，线条的协调性至关重要，设计师要善于将所有线条的动势进行规范化的统一，使所有线条的灭点都指向一个共同的地方。同时，电动车的底盘略微下沉并与地面有一定倾角，这与翘起的尾部相呼应，使整车显现出一种如猎豹般蓄势待发的动势，充满了生命体的张力。

再次，设计的科技性方面，设计采用带有明亮颜色的烤漆与局部金属法进行对比，在材质表现上体现了科技元素。同时，电动车刻意裸露的金属管也与整车的包覆式设计形成了鲜明的对比，这种结构的外露并非此款设计的专利，早在20世纪50年代以来的"高科技风格"盛行时期就已被当时的设计师们广泛使用。但在该设计中，裸露的金属管并非单纯的形式上的附庸，而都具备了一定的功能性，如减震与全防护等。

总之，该电动车设计在遵循个性、时尚、科技的设计需求的前提下，充分考虑到了目标人群的行为心理特点，是一款有别于传统电动自行车的个性化"酷车"设计。

七、观光旅游飞行器设计

（一）设计要求

1. 设计定位

①观光旅游飞机设计首先考虑的是观光功能，所以速度快的机型基本上不做考虑。同时，考虑到机场建设问题，滑翔机需要起飞降落的跑道等配套设施

在一般景区内较难实现，因而也不得不放弃。所以，涡轮机和直升机是本设计中比较合适的机型。

②从空间体积上分析不同形体的飞行器载人量与观光视角的问题。如同等体积时，在合理设计的前提下，怎么样可以装载更多的游客；外形不同，观光视角会有多大的区别等。

③涡轮机与直升机的起飞方式类似，最直接的区别是载客量的大小。同等功率下，直升机的载客量大于涡轮机，因此从景区功能选择上，直升机要更加实用一些。

2. 设计创意

黄色天牛是天生的隐身高手，与环境的融合度非常高。景区设计考虑最多的就是环境融合与保护。飞行器的设计也应当尽量结合并融入环境中去，这是设计的长期任务。可以借鉴的隐身生物有很多，这里选用天牛作为参照物，主要参照天牛的外形体征。

（二）设计分析与结果

天牛的外形狰狞，必须在第一时间内解决这个问题，因为恐怖的形象设计会给大部分观光客留下深刻的第一印象，不好的形象留下的是负面印象。因此，在外形轮廓上首先变得圆滑一些，整体变圆后，形象就可爱多了。再将区域分隔线重新划分，给变化版的形象上安装上螺旋桨，使其更加形象化。

形态确定后，接着将进行飞行器的功能区域划分。为了杜绝高空飞行的意外事件，设计师将操作区域与观光区域分隔开来。划分区域会有分割线产生，分割线会对视角产生影响。考虑到体积与视角的问题，最终确定用圆弧球体造型。

在细节上，可为功能划分再添一笔。同时，考虑到分割线的不同而产生的不同效果，在同一形态上用尽量多的分割线去尝试改变区域，从区域划分的不同分割线找到不同的外形方案，颜色上参考景区的规划，运用灰绿与蓝色为主，也可以调换其他颜色。为了与环境融合，尽量不选用太鲜艳的颜色。

这款低空旅游观光机是以观光旅游为目的，以中青年为对象而设计的。由于现有的低空旅游飞机在外观上、使用上都存在不足之处，所以该产品主要考虑的问题是如何改善外观的识别度和使观看视角最大化，功能方面的重点在座椅的布局和使用上，观光客可以根据自身的需要调整观看角度。

八、低温薄层干燥机设计

（一）设计要求

1. 产品功能

设计一台大型轻工机械装备，该装备名称为"低温薄层干燥机"，主要应用于食品加工或药材生产行业。其原理在于通过加热使物料中的水分气化逸出，将物料湿度控制在行业所要求的标准之内，以满足对其进一步加工的需要。

2. 产品风格

设计要符合食品机械的特点，具备效率感和整洁的外观，且由于设备尺寸较大，应考虑进行模块化设计处理。

3. 材料工艺

以钣金作为产品的主体材料，以有机玻璃制作产品的局部细节，如观察窗等。

4. 注意事项

因为该设备主要应用于食品行业，所以对设备的卫生状况有较高的要求，对于那些在工艺处理过程中能够产生有毒物质的表面处理方式或经由加热能够产生有毒物质的材料要禁止采用。

5. 先决条件

低温薄层干燥机的结构框架已经设计完成，整个机器分为布料模块、卸料模块、主体模块三部分。机器侧面配以观测视窗，用以随时观察物料在机器内部的干燥状态。

（二）设计分析与结果

本设计灵感来源于高速列车，因为无论从产品造型还是其构造上来说，干燥机与高速列车都有着很多共同的元素。

首先，从造型上来说，干燥机的体量和比例关系与列车有着很多相似的地方。比如，干燥机模块化的设计要求与列车标准化的车厢配置之间有着千丝万缕的联系；干燥机要求"效率感"的设计诉求与列车"速度感"的设计表现暗合。通过将干燥机与列车之间建立某种语义上的关联，使用者自然会将列车所体现出来的产品属性"准确无误"地传递到干燥机上，由此，其效率感得以体现。

其次，从产品的构造和布局上来说，干燥机的布料模块、卸料模块分别处于机器的两端，原来的设计采用外露的方式，既不美观，也造成了卫生安全上的问题。在本设计中将其首尾两端异化为列车的头尾部分，采用包覆式设计，将内部结构用有机玻璃进行封装，在保证功能的前提下，实现了安全性和卫生性的要求。干燥机主体部分的侧面需加开观测视窗，这又与列车的车窗产生了语义上的关联。

最后，从使用者的操作体验上来说，操作"列车"自然要比操作一台毫无特点和语义指向性的机械带来更多的心理感受。这都源于"列车"已深入人心的产品特性和情境语言，所以，从这个意义上来说，将列车设计上的诸多元素应用于干燥机，是一件"有利可图"的事情。

九、老年手机设计

（一）设计要求

1. 功能特点

超长待机、超大音量、超大按键、超大字体、功能简单，为老人的使用提供方便。

2. 设计风格

手机造型柔和自然，简洁大方。

3. 工艺要求

牢固机身，防水防尘，坚固耐摔，画面清晰。

（二）设计分析与结果

这款老年机造型柔和自然，但不失时尚，让老年人也能体验时尚气息。功能区与数字区用颜色区分，功能按键和彩色屏幕放在同一个色块中，使得操作输入和反馈更加迅速和有效。屏幕画面清晰舒适，久看眼睛不疲累。立体环绕声喇叭，声音清晰流畅。跑道形颗粒状的大按键手感舒适，也更容易触摸，为了方便老人夜晚的安全，即使是关机状态也能开启 LED 灯。低频辐射为老人提供健康通话。独特的"SOS"求救功能，支持无线健康检测设备等拓展功能。电池容量大，电芯安全，可以超长待机。

十、搅拌机便携杯设计

（一）设计要求

1. 功能特点

设计一款搅拌机，能够将不同的食物快速榨成汁，而且方便携带。

2. 设计定位

能够满足忙碌的上班族追求健康的需求。

3. 设计风格

在便携杯的设计上要满足年轻人对时尚的追求，考虑模块化设计。

（二）设计分析与结果

子弹头式的搅拌机，早在十多年前就已经普及。然而最近几年搅拌榨汁类产品中最红火的，则是原汁机和破壁机，两者的着眼点都是在于帮助用户更有效地摄入食物营养。从营养吸收层面而言，它们的优势显而易见。但是一个小小的设计改变，令已经没落的子弹头搅拌机成功逆袭。

这款产品也是传统子弹头式的设计；然而其不同于传统的不仅仅在于其优雅的陶瓷感外观设计，还有其搅拌杯盖子的特殊设计。将便携杯盖与搅拌功能整合之后，用户尽可以在匆忙的早上随手塞入一些蔬果，然后去刷牙洗脸，临出门的时候顺手拿起已经搅拌好的蔬果汁，盖上便携盖，一边赶路一边享受健康蔬果汁。

这款只是在盖子的模块化设计上略作改动的产品的这一使用体验的升级，恰好能迎合都市忙碌上班族追求健康时尚，同时又不能放弃效率的需求。

第八章　产品设计创造性思维能力的培养

从本质上讲，创造性思维高于抽象思维和形象思维，可以说是人类思维的高级阶段。它是灵感思维、直觉思维、抽象思维、收敛思维等多种思维形式的协调统一，是高效综合运用、反复辩证发展的过程，而且密切关系着情感、意志、创造动机、理想、个性等非智力因素，它体现了智力与非智力因素的统一。本章分为创造性人才应具备的思维与意识和创造性思维的训练与人才培养两部分。主要内容包括：灵感思维、直觉思维、形象思维、抽象思维等方面。

第一节　创造性人才应具备的思维与意识

一、灵感思维

灵感是人们通过直觉启示面对问题时得到突然的领悟或理解的一种思维形式，在需要对某一问题进行解决时，其信息就突然以适当的形式表现出来的创造能力，它是创造性思维最重要的形式之一。科学研究表明，灵感不是玄学而是人脑的功能，在大脑皮层中有由意识部和潜意识部两个对应组织所构成的灵感区。意识部和潜意识部相互间的同步共振活动主导灵感的发生。

无论是在空间上，还是在时间上，灵感的出现都具有不确定性，然而灵感却具有相对确定的产生条件。

法国数学家热克·阿达玛尔将灵感的产生分为四个阶段，即准备、潜伏、顿悟和检验，也有人把其分为准备期、酝酿期、豁朗期和验证期，这两者是相一致的。准备与潜伏是长期积累、刻意追求、循常思索的阶段，顿悟是由主体的积极活动和过去的经验所准备的，有意识的、瞬时的动作，是思维过程中逻辑的中断和思想的升华，是偶然得之、无意得之、反常得之的思索阶段。在灵感顿发时，往往会伴随着一种亢奋性的精神状态。

一般可以将灵感分为两大类，即来自外界的偶然机遇型与来自内部的积淀意识型。其中外界偶然机遇型又包括了思想点化、原型启发、形象体现和情境迸发四种，而内部积淀意识型则由无意遐想类和潜意识类组成。潜意识类又包括潜知的闪现、潜能的激发、创造性梦幻和下意识逻辑。在各类创造性灵感中，由外部偶然的机遇而引发的灵感最为常见和有效。

（一）让时间唤醒灵感

我们常常有这样的体验：当一个问题长久难以解决被搁置后，在某一时刻，也许与我们此时所思考的问题无关，却会突然间对之前的那个问题有了全面透彻的理解。我们把突然的、意想不到的感觉或理解叫作顿悟型灵感。

顿悟型灵感是由疑难而转化为顿悟（恍然大悟）的一种特殊的心理状态，一闪而过，稍纵即逝。顿悟型灵感往往就是一刹那的，有时我们甚至说不出它源于何处，但抓住它，也许就能成功，错过它，也许就成了永远的遗憾了。许多发明创造者都有过神奇的"顿悟"经历。

英国发明家辛克莱以发明袖珍电脑和袖珍电视闻名，他在决定怎样设计出袖珍电视时，曾这样写道：我多年来一直在想，怎样才能去掉显像管的"长尾巴"，我的灵感突然有一天就产生了，将"尾巴"巧妙地设计成了90度弯曲，使它从侧面发射电子，结果就设计出了只有3厘米厚的袖珍电视机。

或许每个人都曾出现过良好的构思，却没有进一步发展的经历。基于此，可以把它们放在一边搁置一段时间，这些构思会在这段时间内在头脑的潜意识中得到酝酿，然后便能豁然开朗，找到解决方案。

（二）让遐想唤醒灵感

遐想型灵感，即大脑在无意识的情况下而产生的灵感。

有人曾调查过821名发明家，发现在休闲场合更容易产生灵感。

从科学史看，在乘车、坐船、钓鱼、散步或睡梦中都可能会涌现灵感，给人提供新的设想。

灵感的一时闪现是长久努力积累的成果在意识中的迸发，它需要我们对所研究的问题保持浓厚的兴趣，而且，很艰难的一点是，要保持意念的单纯，摒除心中的杂念，在深思熟虑之余要适当放松一下大脑，一旦有灵感产生，要对它进行敏锐捕捉，不要错失这稍纵即逝的思想火花。

（三）"反常"就是创新的机会

在我们的生活中，会有各种各样的事情发生，这些事情有时表现得很偶然，甚至有些反常。我们的头脑中也会有新奇的想法突然冒出来，这时，千万不能马虎大意，而应抓住问题的一点去细心地观察，耐心地思索，参透其中的玄机，也许就抓住了一个创造的机会。

我们需要一双善于发现的慧眼，于平常中发现不平常，于不平常中开拓创新。我们现在使用的许多东西，当初发明或发现它们的灵感就源于对生活中遇到的事情的细心观察和思考。

1928 年，弗莱明医生在外出度假之前一时疏忽，使实验台上的器皿散乱地放着。9 月份，天气渐凉，弗莱明回到了实验室，一进门，他习惯性地来到工作台前，看看那些盛有培养液的培养皿。望着已经发霉长毛的培养皿，他后悔在度假前没把它们收拾好。但是弗莱明却被一只长了一团团青绿色霉花的培养皿吸引了目光，他觉得这只被污染了的培养皿有些不同寻常。

他走到窗前，发现了一个奇特的现象：霉花的周围出现了一圈空白，原先生长旺盛的葡萄球菌不见了。弗莱明抑制住内心的惊喜，急忙在显微镜下观察这只培养皿，发现霉花周围的葡萄球菌果然全部死掉了！

于是，弗莱明特地培养了这些青绿色的霉菌很长时间，然后在葡萄球菌中滴入过滤过的营养液。奇迹出现了，几小时内，葡萄球菌全部死亡！他又把培养液稀释 10 倍、100 倍……直至 800 倍，逐一滴到葡萄球菌中，观察它们的杀菌效果，结果表明，它们均能将葡萄球菌全部杀死。

进一步的动物实验表明，这种霉菌对细菌有相当大的毒性，而却丝毫影响不了白细胞，由此可见，它对动物是无害的。

弗莱明并没有放过这个偶然的发现，而是仔细地观察它的特性，并通过一次次的实物加以验证，最后终于掌握了这种霉菌的用途及机理，青霉素也就诞生了。

（四）找出适合自己灵感产生的氛围

灵感并非随时随地都会产生，而是需要一个特定的环境，在一个特殊的氛围下奇思妙想才可以像泉水一样涌出。许多艺术家、设计师在他们自己的工作室里面工作是最有成效的。

外面环境的本来面貌也许并不如我们的愿，这时就需要我们自己来创造。

先考虑一下什么样的环境能激发自己的灵感，这可能需要调整屋内的灯光，放一些背景音乐，控制室内温度。同时确保你所使用的工具或一些艺术用品都已经齐备。如果为了找一支好用的笔而打断了一个富有成效的灵感是不划算的。

创造力极高的人，通常会有各自的思考时间和空间，即在某一时间、某种环境下，最容易想出好主意。享有"当代爱迪生"美称的中松义郎博士，每天都从"静屋"到"动力屋"再到"泳房"去寻找他的点子。

灵感诞生的环境因人而异，有的人在精神放松时才会产生灵感，而有的人在紧急时刻会产生好想法。那么，就需要我们仔细地审视一下自己，掌握自己的思考规律，营造最恰当的环境，催生出最佳创意。

（五）灵感的瞬间爆发并非"神来之笔"

灵感的特征主要有瞬时突发性与偶然巧合性。诗人、文学家的"神来之笔"，军事指挥家的"出奇制胜"，思想战略家的"融会贯通"，科学家、发明家的"茅塞顿开"等，都对灵感的这一特性进行了说明。但事实上，它也是长时间思索的结果。也许一直都没能解决问题，但头脑中的思索却始终不会停止，不过将其向潜意识中进行了转移，当突然受到某一事物的启发，便能一下子解决问题。

法国著名数学家 H. 彭加勒曾用很长时间来研究一个很难的数学难题，百思不得其解。于是他决定到乡间去休息一下，当他上车的时候，脑海里突然涌现出了一个设想——非欧几何学的变换方法，这与他研究的那个问题是一样的，真应了"踏破铁鞋无觅处，得来全不费工夫"。

由此可见，灵感的瞬间爆发是基于长期的艰苦探索和思考酝酿的，并不真是"突发奇想"的"神来之笔"，而是长期思考的结果。

（六）转换思维，寻找启示，产生灵感

所谓启示型灵感，即由于受到别人或某种事件的启示，从而激发出创造性思维的方式。

如科研人员从科幻作家儒勒·凡尔纳所描绘的"机器岛"原型得到启示，产生了研制潜水艇的设想，并获得成功。

19 世纪 20 年代，英国要在泰晤士河修建世界上第一条水下隧道，但在松软多水的岩层挖隧道很容易塌方。有一次，一位工程师正为此发愁，他无意中看到一只小小的昆虫在它外壳的保护下，钻进了坚硬的橡树树身。这一情景，引起了工程师的灵感：可不可以采用小虫子的办法呢？他决定改变传统的先挖掘再支护的施工办法，而先在岩层之中打入一个空心钢柱体，然后再在这个构盾下施工。

受小小昆虫的启发，工程师解决了英国水下施工历史上的一个大难题。

如果这个工程师没有在为挖隧道塌方发愁，那么，昆虫的启示再好，工程师对此也会是无动于衷的。因此，要想启示能起作用，必须自己在进行某项技术或产品的研究和开发。这正是我们常说的外因通过内因而起作用。

能引发一个人灵感的机会有很多，怎样才能抓住它们呢？唯一的办法就是不轻易放过每一个对你有用的现象。

二、直觉思维

创造性思维的实质表现为选择、突破和重新构建。而要做出选择，无疑取决于人们直觉能力的高低。例如，卢瑟福发现原子核的存在，提出了原子结构的行星模型，在物理学领域做出了许多开创性的贡献，其中直觉的判断起到了重要的作用。1912 年法国气象工作者 A.L. 魏格纳从地图上发现了非洲海岸与南美洲东海岸的轮廓十分吻合，一位气象学家利用直觉思维创建了大陆漂移说。爱因斯坦认为"真正可贵的因素是直觉"，他还说："我相信直觉和灵感。"美国哲学家库恩说过："科学的新规律是通过'直觉的闪光'而产生的。"直觉的重要性可见一斑。

当然，直觉思维也可能有其自身的缺点，容易在较狭窄的观察范围里局限思路，会影响直觉判断的正确性、有效性，也可能会把两个本不相关的事物纳入虚假的联系之中，个人的主观色彩较重。所以，关键在于创新者主体素质的加强和必要的创造心态的确立，而且还必须有一个实践检验的过程，这是重要的科学创造阶段。

马兹扬曾对 60 名杰出的歌剧和话剧演员、音乐指挥、导演和剧作家们的创作进行了研究，结果这些人都谈到直觉思维曾在他们的创作过程中起过积极作用。

三、形象思维

形象思维可以用于发明创造，使发明的过程变得简单明了。

田熊常吉原是一位木村商，文化程度很低，可他却运用了丰富的形象思维改进了锅炉。田熊首先将锅炉系统简化成"锅系统"和"炉系统"。锅系统包括集水器、循环水管等，炉系统包括燃烧炉、排风机、鼓风机等。简而言之，锅炉的要素就是燃烧供热和水循环。田熊想，人体具有燃烧供热和血液循环这两大要素，人体不就是一个效率很高的锅炉系统吗？

于是田熊马上画出了一些人体血液循环图和一张锅炉的结构模型。将两者进行比较后，田熊发现，心脏如同汽包，瓣膜如同集水器，动脉如同降水管，静脉如同水管群，毛细血管如同水包。据此，他构思了新型的锅炉结构方案，锅炉经过田熊的方案进行改造后，热效率果然大大提高了。

形象思维使我们的头脑充满了生动的画面，为我们展现了一个更为丰富多彩的世界，是需要我们学习、掌握的一种必要的思维方法。

形象思维具有普遍性，广泛存在于每个人的思维活动和实践活动中。许多设计和科学的发明创造往往是从对形象的观察和思考中受到启发而产生的。有时候还会取得抽象思维难以取得的成果。

（一）想象中的标靶

许多人认为，只有爱因斯坦式的伟大人物才能够通过想象力创造奇迹，事实上，我们每个人都有创造类似奇迹的天赋，只是我们大多数人没有发挥出来而已。这个论断也告诉我们，倘若我们想象着自己在做某件事，脑子里留下的印象和我们实际做那件事留下的印象几乎是一样的。通过想象力完成的实践还能够强化这种印象。有些事情，甚至单纯通过想象就可以实现。

拿破仑在带兵横扫欧洲之前，曾经在想象中"演习"了多年的战法。《充分利用人生》一书中说："拿破仑在大学时所做的阅读笔记，复印时竟达满满400页之多。他把自己想象成一个司令，画出科西嘉岛的地图，经过精确的计算后，标出他可能布防的每一种情况。"

在设计过程中，在大脑中对设计目标、功能原理或过程进行充分的想象性分析，是运用"想象力"和"排练分析"来完善方案，获得成功的有效方法。

（二）展开想象的翅膀

想象力具有自由、开放、浪漫、跳跃、形象、夸张等特点。想象力使思维逍遥神驰，一泻千里，超越时空。萧伯纳认为，想象是创造之始。奥斯本说："想象力可能成为解决其他任何问题的钥匙。"爱因斯坦曾告诫人们说："想象比知识更重要，因为知识是有限的，而创造需要想象，想象是创造的前提，想象力概括着世界上的一切，没有想象就不可能有创造。"

随着人们思考问题逐渐深入和涉及问题领域的日趋扩大，也相应地改变了其固有的思维方式。探索和研究某些未知事物，仅靠简单的逻辑推理已无法解决问题，更不用说做常规的实验了，这时，就需要我们充分展开想象的翅膀，以我们的形象思维为突破口，使我们的认识有一个质的飞跃，并得到长足的发展。

（三）运用想象探索新知

想象作为形象思维的一种基本方法，不仅可以构思那些未曾直觉过的形象，而且还可以创造那些未曾存在的事物形象，因此对于任何探索活动都是不可或缺的。没有想象力，一般思维就难以升华为创新思维，也就不可能做出创新。

当然，由于想象是脱离现实的，因此想象越大胆，所包含的错误可能也越多，不过这并没有什么关系，因为想象中所蕴含的创新价值往往是不可估量的。比如，人类有了"嫦娥奔月"的幻想，才有了"阿波罗号"登月；有了"木牛流马"的幼稚幻想，才有了驰骋战场的装甲战车。这些都是想象给人的启迪，人类科学史上的许多创造发明、发现都是从想象中产生的。

想象不仅能帮助人们摒弃事物的次要方面，而且能帮助人们抓住事物的重要本质特征，并在大脑中把这些特征组合成整体形象，从而探索到新的知识。知识创新得要有卓越的想象力，能以超常规形式为我们提供全新的目标形象，从而为揭示事物本质特征提供重要思路或有益线索，为我们开拓出全新的思维天地。

想象能开扩我们的视野，使我们洞察前所未有的新天地。想象是直觉的延伸与深化，卓越的想象力更有助于人们揭示未知事物的本质。

（四）将你的创意视觉化

将创意视觉化是许多创造人士成功的秘密，也是工业设计高效能表现的常用手段。

著有《爱因斯坦成功要素》的闻杰博士发现了一种想象力的"影像流动法"。影像流动其实非常简单，是刺激右半脑和接触内在天才特质的好方法，其内容如下。

①先找个舒服的地方坐下来，"大吐几口气"，用轻松的吐气帮助自己放松。轻轻闭上双眼，再把心中流过的影像大声说出来。

②大声形容心中流过的影像。最好是说给另一个人听，或是用录音机录下来亦可。低声的叙述无法造成应有的效应。

③用多重感官体验丰富你的形容，要五感并用。例如，如果沙滩的影像出现，别忘了描述沙滩的质感、香味、口感、声音和外形。当然，形容沙滩的口感听起来很奇怪，但别忘了，这个练习可让你像最有想象力的人物一样思考。

④用"现在式"时态去描述影像，更具有引出灵活想象力的效果，所以在你形容一连串流过的影像时，要形容得仿佛像"现在"正在发生一样。

做这个练习时，不需要主题。只要把影像流动当作是漫游于想象与合并式思考中、不拘形式而流畅的奇遇。影像流动练习通常无须意识的指示，自行找到前进的动力，表达各种主题。你也可以用这个方法向自己提出某个问题，或是深入探讨某一个特定的主题。

（五）从兴趣中激发形象思维

兴趣，是一个人充满活力的表现。生活本身是赤橙黄绿青蓝紫多色调的。从兴趣中激发形象思维，生活才会有七色阳光，才会有许许多多的创造成果。爱因斯坦把全部的兴趣和想象投入他热爱的物理学领域，对自己不感兴趣的课程，他很少投入过多心思去学习。不管在哪儿，他的思想都在物理学中，在他研究的问题里漫游。想象力就是驱动力，驱使着他去寻找问题的答案。

一天，他对经常辅导他数学的舅舅说："如果我用光在真空中的速度和光一道向前跑，能不能看到空间里的电磁波呢？"舅舅用异样的眼光盯着他看了很长时间。因为他知道，爱因斯坦提出的并不是一般的问题，将会引起出人意料的震动。在这之后，爱因斯坦全身心地投入了此项研究，并提出了"相对论"。

物理学问题激发了他的想象，他的想象力又帮他探索着这些物理学问题。在科学研究领域，兴趣与想象是一对无法分开的姊妹。

有些人抱怨自己在设计过程中发挥不出任何想象力，其中的原因也许就在于你对所从事的事情不感兴趣。这时，你需要培养自己对目前工作的兴趣。有了兴趣，就会激发出无限的想象力，做什么事情都会感到身心愉悦，轻松愉快，也会觉得浑身有使不完的力气，对工作就会有持久的活力。

四、抽象思维

一切科学的抽象都更深刻、更正确、更完全地反映客观事物的面貌。随着社会的进步、科学技术的发展、现代设计方法的确立，抽象思维的作用更显重要。

（一）顺藤摸瓜揭示事实真相

华生医生初次见到福尔摩斯时，对方开口就说："我看得出，你到过阿富汗。"华生感到非常惊讶。后来，当他想起此事的时候，对福尔摩斯说道："我想一定有人告诉过你。""没有那回事。"福尔摩斯解释道。"我当时一看就知道你是从阿富汗来的。""何以见得？"华生问道。

"在你这件事上，我的推理过程是这样的：你具有医生工作者的风度，却是一副军人的气概。那么，显而易见你是个军医。"

"你脸色黝黑，然而从你手腕黑白分明的皮肤来看，这并不是你原来的肤色，你一定刚从热带回来。"

"你左臂受过伤，现在看起来动作还有些僵硬不便。试问，一个英国的军医，在热带地区历尽艰苦，并且臂部受过伤，这能在什么地方呢？自然只有在阿富汗。"

"所以我当时脱口说出你是从阿富汗来的，你还感到惊奇哩！"

这就是福尔摩斯卓绝的逻辑推理能力，从华生医生外在所显露的种种蛛丝马迹，顺藤摸瓜地推论出看似不可思议的结论。设计中很多问题的解决其实都有赖于一种分析和推理。正确的逻辑思考，可以帮助设计者解决很多问题。

（二）由已知推及未知的演绎推理法

所谓的演绎推理法就是从若干已知命题出发，根据命题之间的必然逻辑联系，对新命题进行推导的思维方法。

演绎推理法是一种解决问题的实用方法，我们可以通过演绎推理找出问题的根源，并提出可行的解决方案。有一个工厂的存煤发生自燃，引起火灾。厂方请专家帮助设计防火方案。专家首先要解决的问题是，一堆煤自动燃烧是怎么回事？通过查找资料可知，煤是由地质时期的植物埋在地下，受细菌作用而形成泥炭，再在水分减少、压力增大和温度升高的情况下逐渐形成的。即煤是由有机物组成的。而且，燃烧要有温度和氧气，使煤慢慢氧化积累热量，温度升高，温度达到一定限度时就会自燃。那么，预防的方法就可以考虑产生自燃的因果关系了。最后，专家给出了具体的解决措施，有效地解决了存煤自燃的问题。

我们可以用两种思路来思考这个问题，一是从原因到结果，二是从结果到原因。不管哪种思路，运用的都是演绎推理法。通过演绎推理推导出的结论，是一种必然无误的断定，因为它的结论所断定的事物情况，并没有超出前提所提供的知识范围。

（三）运用逻辑思维对信息进行提取和甄别

当今时代是信息的时代，面对信息的纷繁复杂，加以有效提取和甄别，经过逻辑思维的处理，可以挖掘信息背后的信息。这样，我们就能及时把握市场等机遇，把握设计潜力。在设计中如对市场导向、流行趋向、消费趋向、价值取向等进行提前有效的分析，是推理分析设计导向的关键环节。

亚默尔肉类加工公司的老板菲利普·亚默尔每天都有看报纸的习惯，尽管生意繁忙，但他每天早上到了办公室，就会看秘书给他送来的当天的各种报刊。初春的一个上午，他和往常一样坐在办公室里看报纸，一条不显眼的消息引起了他的注意：墨西哥疑有瘟疫。亚默尔的头脑中立刻展开了独特的推理：如果瘟疫出现在墨西哥，就会很快传到加利福尼亚州（加州）、得克萨斯州（得州），而美国肉类的主要供应基地是加州和得州，一旦这里发生瘟疫，全国的肉类供应就会立即紧张起来，肉价肯定也会飞涨。他马上让人去墨西哥进行实地调查。几天后，调查人员回电报，证实了这一消息的准确性。亚默尔放下电报，马上着手筹措资金大量收购加州和得州的生猪和肉牛，运到离加州和得州较远的东部饲养。两三个星期后，西部的几个州就出现了瘟疫。联邦政府立即下令严禁从这几个州外运食品。北美市场一下子肉类奇缺、价格暴涨。亚默尔认为时机已经成熟，马上将囤积在东部的生猪和肉牛高价出售。仅仅 3 个月时间，就获得了 900 万美元的利润。产品的设计依附市场需求，亚默尔的思维同样适用于产品设计。

五、联想、移植思维

联想思维是指人们在头脑中将一种事物的形象与另一种事物的形象联想起来，探索它们之间共同的或类似的规律，从而解决问题的思维方法。它的表现形式有连锁联想法、相似联想法、相关联想法、对比联想法、即时联想法等。

联想思维是一种把已掌握的知识联系某种思维对象，从其相关性中得到启发，从而获得创造性设想的思维形式。联想越多、越丰富，则越可能获得创造性突破。因为，所有的发明创造，不会与前人、与历史、与已有知识截然割裂，而是有联系的。问题是能否把次要与重要的思维对象进行联系和类比。

联想是心理活动的基本形式之一。联想与一般的自由想象不同，它是由表象概念之间的联系而达到想象的。因此，联想的过程有逻辑的必然性。联想的妙处就在于可以使我们从一而知三。联想是创意产生的基础，在创意设计中起催化剂和导火索的作用，联想越广阔、越丰富，就越富有创造力，许多的发明创造就是在联想思维的作用下产生的。

春秋时期有一位能工巧匠鲁班，有一次上山伐木时，手被路旁的一株野草划破，鲜血直流。为什么野草能划破皮肉呢？他仔细观察那株野草之后，发现其叶片的两边长有许多小细齿，他想，如果用铁条做成带小齿的工具，是否也可将树木划破呢？依着这个思路往下走，锯子被发明出来了。

走路时不小心踩到香蕉皮上，很容易滑倒。这是很多人司空见惯的一种现象。20 世纪 60 年代，一位美国学者却对这一现象产生了浓厚兴趣。他通过显微镜观察，发现香蕉皮是由几百个薄层构成，层与层之间很容易产生滑动。他突然想到："如果能找到与香蕉皮相似的物质，则能作为很好的润滑剂。"最后，他发现二硫化钼与香蕉皮的结构十分类似。经过再三实验，一种性能优良的润滑剂被制造出来了。

如果不运用联想思维，很难从草叶上产生灵感创造出锯子。但是，联想思维能力不是天生的，它需要以知识和生活经验、工作经验为基础，基础打好了，就能"厚积而薄发"，联想也随之"思如泉涌"。

（一）展开锁链般的联想

由红色可以想到火，由火可以想到热，由热可以想到取暖，那么，冬天的小木屋刷成红色、红色的羽绒服就是理所当然的了，它们之间通过锁链般的联系构成了一定的和谐系统，便产生了价值，设计的本质就是创造价值。千变万化的客观事物，正是由于组成了环环相扣的牵制连锁，才使世界保持了相对的平庸与和谐。这也是我们进行连锁联想的一个前提依据。如能恰当地应用这种方法，相信会有越来越多的创造性事物产生。

（二）根据事物的相似性进行联想

相似联想思维是指根据事物之间的形式、结构、性质、作用等某一方面或几方面的相似之处进行联想，比较两种不同事物间的相似特征。格顿伯格看到榨汁机时，想到了印刷机；叉式升降机的发明者，是从炸面饼圈机那儿得到启发的。他们都运用了类比的方法。运用这个方法的具体做法：看看它像什么或它让你想起了什么；还可以提出更具体的问题，如"它听上去像什么？""它的味道像什么？""它给人的感觉怎么样？""它的功能像什么？"等。运用相似联想法的一个关键点就是寻找事物之间的共同点、相似点。世界上没有两片完全相同的树叶，同样，世界上也没有两片完全不同的树叶。任何两种事物或观念之间，都有或多或少的相似点。一旦在思维中抓住了相似点，便能够把千差万别的事物联系起来思考，从而产生新创意。

一位公司职员对刀特别感兴趣，有一次他看到有人用玻璃片刮木板上的油漆，当玻璃片刮钝以后就敲断一节，然后又用新的玻璃片接着刮。这使他联想到了刀刃，如果刀刃钝了不去磨它，而把钝的部分折断丢掉，接着用新刀刃，刀具就能永保锋利。于是他设计在薄薄的长刀片上留下刻痕，刀刃用钝了就照划痕折下一段丢掉，这样便又有了新的锋利的刀刃。这样，这位职员从用玻璃片刮木板联想到刀刃，从而发明了前所未有的可持续使用的刀具。

把爆破与治疗肾结石联想到一起，也可谓一个伟大的创举。目前的定向爆破技术，能将一栋高层建筑炸成粉末，同时又不影响旁边的其他建筑物，医学家们由此联想到了医治病人的肾结石。他们经过精确的计算，把炸药的分量小到恰好能炸碎病人肾脏里的结石，而又不影响病人的肾脏本身。这种在医学上被称为微爆破技术的治疗手段，为众多肾结石病人解除了病痛。找到事物的相似点，通常就能组合成不同的事物。相似联想是在设计中产生新功能、新价值、新事物的常用思维方式。

（三）对比联想

对比联想思维是指由某一事物的感知和回忆引起与它具有相反特点的事物，从而得出创造成果的思维意识。由于客观事物之间普遍存在相对或相反的关系，所以通过对比联想通常也能引发新的设想。比如由实数想到虚数，由精确数学想到模糊数学等，都是对比联想的结果。

当物理学家开尔文了解到巴斯德已经证明了高温可以杀死细菌，食品经过煮沸可以保存后，他大胆运用了对比联想：既然高温会使细菌死亡，那么在低温下细菌是否也会停止活动？受到这种思维的启发，开尔文经过精心研究，终于发明出了"冷藏"工艺，为人类的健康保健做出了重要贡献。

在使用对比联想的过程中，我们需要将视角放在与目前该事物的特征相对的特点上，并巧妙地加以利用。

（四）移植方式的选择

1. 直接移植

将一个领域的技术、原理直接"搬"运到另一个领域。如拉链的发明源于古代鞋带，后来人们将拉链直接移植到衣、帽、书包等上面；将家用吸尘器的工作原理直接移植到汽车用吸尘器的设计上。这类移植与类比接近，但它的创造程度相对较低。

2. 间接移植

把一事物的结构、方法、原理加以改造，再扩展到其他事物或领域。以创造出新事物，开发出新领域。如有人把面包的发酵技术移植到橡胶工业中，发明出海绵橡胶。间接移植中常见的一种方法便是推测移植。在创造的过程中，由于技术水平或其他条件的局限，人们对研究对象的认识受到一定的限制，但对于它的基本原理却有一定的认识，在这种情况下，可以根据基本原理和已获得的少量信息，从其他领域的事物中寻求启发，进行推测移植，以创造出新事物或新技术。如在对引进的国外先进机电产品进行设计时，需要推敲其中的关键技术，以开发同类新产品，这时就要用到推测移植。无论哪种方式的移植，在实施中都要对被移植的技术因素（如原理、方法、结构等）进行分析，以便在技术层面上得到充分的实施。因此，在移植技术方式中又有所谓的原理移植、方法移植和结构移植等。

3. 方法移植

创造性事物是具有独特性的，那么运用移植思维时也要选取适宜的移植方法，不可生搬硬套，将毫无关联的事物进行移植。而且，移植的目的是创造，所以，毫无创造性的机械移植也是实际操作中应规避的。

六、发散思维

发散思维又称求异思维或辐射思维，它不受现有知识和传统观念的局限与束缚，是沿着不同方向、多角度、多层次去思考、去探索的思维形式，往往由此能有新的设想，新的突破和新的创见产生，尤其在提出设想的阶段和在方案设计的阶段，更能发挥其重要作用。它是创造性思维的一种主要形式。著名创造学家古尔福特说："正是在发散思维中，我们看到了创造性思维的最明显的标志。"

发散思维的概念，是美国心理学家吉尔福特在 1950 年以"创造力"为题的演讲中首先提出的，半个多世纪以来，引起了普遍重视，促进了创造性思维的研究工作。

发散思维要求人们向四方扩散思维，无拘无束，甚至异想天开。通过思维的发散，要求打破原有的思维格局，提供新的结构、新的点子、新的思路、新的发现、新的创造，提供一切新的东西，特别是对于创造者可提供一种全新的思考方式。

许多发明创造者都是借助于发散思维获得成功的。可以说多数的科学家、思想家和艺术家的一生都十分注意运用发散思维进行思考。许多优秀的中学生，在学习活动中也很重视发散思维的运用，因此获得了较好的学习效果。

具有发散思维的人在观察一个事物时，往往通过联想与想象来扩展思路，而不仅仅局限于事物的本身，也就往往能够发现别人无法发现的事物与规律。

设计创造要有新意，应注意思维的独特性。

（一）从无关之中寻找相关的联系

天底下有很多事物，如果你仔细观察它们，就会发现一些共通的道理。这就是事物之间的相关性。我们在解决问题时可以有意识地进行发散思维，把由外部世界观察到的刺激与正在考虑中的问题相联系，使其相合，即捏合各种各样不相关的要素，以期获得新概念与新思路。从无关之中找相关，是设计创新的基本思路，且需要我们的思维足够灵活，有较强的敏感性。再者，在获取某种外界刺激后，让我们的思维发散开来，能够很快地将该事物与自己所遇到的问题进行联系。这样，不但能有效地解决问题，而且往往会得到较好的创新方案。

（二）在与人交流中碰撞出智慧

一位科学家和一位农妇的交谈随即引发了一个划时代的发现。与农妇的交谈使库仑的思维发散，针对纱线卷曲的问题，库仑进行了许多方面的设想。最后，他终于意识到，按照纱线卷曲的程度可以对扭力的大小进行度量，可以通过同样的原理来测量电荷之间的作用力。不久，库仑回到巴黎，做出了一个通过细丝扭转角度测量力矩的极为灵敏的秤，精确测量了电荷的相互作用力与距离和电量的关系，发现了成为电学重要基础的库仑定律。

科学家与普通人之间的差别远小于人们的想象，两者的交流只有行业和性质的差别。事实证明，不同行业的交流具有极大的互补性，促使思维可以向更多的方向发散，得到更多的创见，以利于问题的解决。

（三）由特殊的"点"开辟新的方法

擅长发散思维的人往往会撇开众人常用的思路，尝试多种角度的考虑方式，从他人意想不到的"点"去开辟问题的新解法，因此，在进行发散性思维训练时，其首要因素便是要找到事物的这个"点"进行扩散。

比如设计鞋子，常规的设计思路是从鞋子的款式、用料着手，进行各种变化，但万变不离其宗。运用发散思维，则可以从鞋子的功能这一特殊的"点"入手。那么鞋有哪些功能呢？

鞋可以"吃"。当然不是用嘴吃，而是用脚吃。即可以在鞋内加入药物，治疗各种疾病。按此思路下去，可开发出各种预防、治疗疾病的鞋子。

鞋还可以"说话"。设计一种走路的时候会响起音乐的鞋子一定会受到小孩子的欢迎。

鞋可以"扫地"。设计一种带静电的鞋子，在家里走路的时候，可以把尘土吸到鞋底上，使房间在不经意间变干净。

鞋还可以"指示方向"。在鞋子中安装指南针，调到所选择的方向，当方向发生偏离时，便会发出警报，这对野外考察探险的人来说，是很有用处的。

这就是通过鞋子的功能这个"点"挖掘出来的潜在创意。设计中，我们需要细心地观察，找出这个特殊的"点"，由此展开，便可以收到意想不到的效果。

（四）依靠发散性思维进行发散性的创造

发散思维法的特点是以一点为核心，以辐射状向外散射。在设计中，我们可以利用这种思维法来进行发散性的创造。若以一个产品为核心，可以发现它的各种不同的功能，开发出各种各样的新产品。如围绕电熨斗这个产品，开发出了透明蒸汽电熨斗、自动关熄熨斗、自动除垢熨斗、电脑装置熨斗等。这些产品满足了生活中不同人群的不同需求。依靠发散性思维进行发散性的创造，也为我们提供了一种发明创造的新模式。思维发散的过程，同时也是创意发散的过程。围绕一个中心，将思维无限蔓延，最终即可产生多种创造成果。

（五）心有多大，舞台就有多大

曾看过这样一则寓言：一条鱼从小在一个小鱼缸中长大，它的心情并不好，因为它觉得鱼缸太小了，游了一会儿就到头了。随着小鱼慢慢长大，鱼缸显得更小了，主人为它换了一个稍大些的鱼缸。鱼刚高兴了几天又不满意了，因为没游多大会儿还是碰到了鱼缸壁。最后，主人将它放回了大海，但鱼仍然高兴不起来。因为它再也游不到"鱼缸"的边缘了，它感到很没有成就感。

我们常说心有多大，舞台就有多大。小鱼的心已经被鱼缸限制了，在大舞台上也就无法顺畅舒展了。同理，我们的思维被局限时也很难发挥出全部的能量。如果我们的思维能够向四面八方辐射性地发散，我们分析问题、解决问题的能力也会有一个大的提升，供我们展示才华的舞台也就会变大。

发散思维的要旨就是要学会朝四面八方想，就如同旋转喷头，朝每个方向进行立体式的发散思考。发散思维具有灵活性，具有发散思维的人，思路比较开阔，善于随机应变，能够根据具体问题寻找一个巧妙的解决问题的办法，起到出其不意的效果。培养发散思维，拓展思维的深度与广度，你的思维触角延伸有多远，你的设计创意就有多完美。

从上述案例中我们可以看出，发散思维具有的潜在能量巨大，它通过搜索所有的可能性，激发出一个全新的创意。这个创意重在突破常规，它不怕奇思妙想，也不怕荒诞不经。尽量沿着可能存在的点向外延伸，或许，一些由常规思路出发根本无法做到的事，其前景便很有可能柳暗花明、豁然开朗，因此，在设计中，多发挥思维的能动性，让它带着你在思维的广阔天地任意驰骋，你就会为你的奇思妙想所折服。

七、收敛、纵向思维

收敛思维亦称集中思维、求同思维或定向思维，是以某一思考对象为中心，从不同角度、不同方面将思路指向该对象，以寻找解决问题的最佳答案的思维形式。在设想的实现阶段，这种思维形式常占主导地位。

在创造性思维过程中，发散与收敛思维是相反相成的。只有把二者很好地结合使用，才能获得创造性成果。

（一）收敛、纵向思维的特征

1. 聚焦性

在解决问题时要抓住问题的聚焦点。只有清楚问题的聚集点，才能有目的地去解决问题。如若不然，只会让自己无端地耗费精力，忙了半天也不知自己在忙些啥，结果导致自己所做的事与要解决的问题相差十万八千里。我们可千万不要小视它，像这种情况是普遍存在的。设计中不知有多少人终无成果，就是找不到问题的聚焦点，正所谓"治标不治本"。

2. 深刻性

为了争取将问题一次解决掉，我们要学会刨根问底——探讨问题的实质。很多问题的实质都是隐藏在肤浅的表象后面的，因此要想设计获得成功，一定要抓住问题的实质，然后对症下药。

（二）层层剥笋，揭示核心

纵向思维有着不同的表现形式，其中的一种称为连环法，这是一种互为原因，互为结果、因果连锁的思维方式。原因后面有原因，结果后面有结果，事物发展过程中的上一个结果又是下一个发展的原因。

问题构成一环又一环的链条，要将整个问题链解开，必须从链条的一端一个问题接着一个问题地步步深入，用已知推知未知，使过去、现在、未来形成一条信息与认识的长链，沿着这条闪光的思路去创造新的发现与成果。

我们都知道，竹笋是由一层一层的壳包裹着的。层层剥笋法很形象地表现出向问题的核心一步一步逼近的过程。它是收敛思维法之一，它借助于抛弃那些非本质的、繁杂的特征，以揭示出隐藏在事物表面现象内的深层本质。

层层剥笋法是一种更深入的思考方法。它使设计者不只停留在表面，而是着眼于事物本质的探究。当你发现问题的核心时，你也许会惊叹：解决问题原来这么简单。

层层剥笋法也为我们提供了一种信念，不被事物的表面现象所迷惑，一层层地排除外界现象的干扰，坚持下去，就可以触及问题的核心部位，为难题得以根本性解决打下基础。

运用收敛思维的过程，就是使研究对象的范围逐步缩小，最终揭示问题核心的过程。所以，找到问题的实质，是彻底解决问题的关键，也是运用收敛思维应把握的原则之一。

我们在分析问题的时候，更多地要通过现象看到问题的本质，而不能因一些表象因素受到蒙蔽或是在思维上走进死胡同。就如同当人们发现采摘机在现有情况下无法再改进时，就应当在问题本质的指引下，主动寻找另一条出路。

所以，面对问题，我们必须要培养一种"透过现象寻找本质"的能力，要将目光集中在问题的关键点上，这样更有助于又快又好地解决问题。

所有问题和需求都有发生的根源，这就是本质。问题和需求的表面现象总是与开发者的思路切入点相关，如果切入点是狭隘的，那么围绕着问题和需求的分析往往局限于自身的思路范围，问题和需求产生的原因就很难发觉。所以，无论解决何种问题，都要找到这个问题的症结在哪里，然后再分析解决它就不难了，这也是收敛思维法运用的主旨之一。

（三）凡事多问几个"为什么"

爱迪生是人类历史上最伟大的发明家，他一生的发明有1600多种。爱迪生的发明天赋从何而来呢？长期研究爱迪生的专家指出，爱迪生的很多发明都来自提问。平时爱迪生会对常人熟视无睹的问题提出无数个"为什么"。虽然他没有将自己所问的问题都求出答案来，然而他已得出来的答案却多得惊人。

有一天，他在路上碰见一个朋友，看见他手指关节肿了。便问：

"为什么会肿呢？"

"我不知道确切的原因是什么。"

"为什么你不知道呢？医生知道吗？"

"唉！去了很多家医院，每个医生说的都不同，不过多半的医生认为是痛风症。"

"什么是痛风症呢？"

"他们告诉我说是尿酸淤积在骨节里。"

"既然如此，医生为什么不从你骨节中取出尿酸来呢？"

"医生不知道如何取出。"病者回答。

"为什么他们不知道如何取出呢？"爱迪生生气地问道。

"医生说，因为尿酸是不能溶解的。"

"我不相信。"爱迪生说。

爱迪生回到实验室里，立刻开始尿酸到底是否能溶解的实验。他排好一列试管，每支试管内都滴入 1/4 的不同的化学溶液。每种溶液中都放入数颗尿酸结晶。两天之后，他看见有两种液体中的尿酸结晶已经溶化了。于是，这位发明家有了新的发现，一种医治痛风症的新方法问世了。爱迪生这种凡事都爱问个"为什么"的思维方式，为他以后的各种发明创造开辟了广阔的天地。纵向思维就是要问"为什么"，实际上"为什么"这三个字表达了一种深入开掘的欲望。很多时候，对那些寻常的事物，我们自认为很熟悉，想不起要问个"为什么"。殊不知，事物的真实本质和改变创新的机遇，往往就隐藏于对寻常事物再问一个"为什么"的后面。因此，我们主张进行积极的思维活动。不管遇到什么问题，都要多问几个为什么。当你恰到好处地利用纵向思维这把开启脑力的钥匙后，设计创新也就为你敞开了大门。

八、分合思维

分合思维法又称加减思维法，是一种通过将事物进行减与加、分与合的排列组合，从而产生创新的思维法。所谓"减"，即将本来相连的事物减掉、分开、分解；所谓"加"，即把两种或两种以上的事物有机地组合在一起。

由于加减思维法是一种可以重新打乱、重新配置资源的思维，通过加与减的不断变化和不断配置，可以使解决问题的灵活性和创造性得到极大的提高。

分合思维是一种把思考对象在思想中进行分解或合并，从而产生新思路、新方案的思维方式。从面块和汤料的分离，发明了方便面；将衣袖与衣身分解，设计了背心、马夹；把计算机与机床合并，设计了数控机床……这些都是运用分合思维的实例。

（一）1+1>2 的奥秘

加减思维分为加法思维与减法思推。代表了两个方向的思维方式。

加法思维，是将本来不在一起的事物组合在一起，产生创造性的思维方法。通过加法思维，常常会产生 1+1>2 的神奇效果。

1903 年，莱特兄弟发明了第一架飞机之后，各国纷纷研制各种型号的飞机。

飞机也被广泛应用于军事领域。有人提出，是否可以将飞机和军舰结合起来，使它能发挥更大的作用呢？于是海军专家设计了两种方案：一是给飞机装上浮桶，使飞机能在海面上起飞和降落；二是将大型军舰改装，设置飞行甲板，使飞机在甲板上起飞和降落。

1910 年，法国实行第一种方案成功。随后，美国一架挂有两个气囊的飞机从改装的轻型巡洋舰上起飞成功，"航空母舰"诞生了。

飞机和军舰本来是两种完全不同的东西，组合在一起的"航空母舰"既不是飞机，也不是普通舰艇，但兼有它们各自的特性。同时，它的战斗力比飞机与普通舰艇战斗力的相加要大得多。

由此我们也可以看出，加法思维并非对事物的简单合并，而是具有创造性的组合。在加法思维中，事物表现出了更深层的含义和价值，巧妙地运用加法思维，你将会得到意想不到的创意。

怎样培养加法思维呢？这需要培养我们为自己的视角做加法的能力。

可在一件东西上添加些什么吗？把这样东西和其他东西加在一起，会有什么结果？饼干 + 钙片 = 补钙食品；白酒 + 曹雪芹 = 曹雪芹家酒。这就是"加一加"视角。加法体现的是一种组合方式。"加一加"视角就是将双眼射向各种事物，努力思考哪几种可以组合在一起，从而产生新的功能。我们生活中的许多物品都是"加一加"视角的产物。如在护肤霜里加珍珠粉便成了珍珠霜；奶瓶上加温度计便可随时测量牛奶的温度，避免婴儿喝的奶过热或过冷；汽车上安装 GPS 定位系统，便可随时锁定汽车方位，为破获汽车盗窃等案件提供了便利。

"加一加"视角可以使事物进行重新组合，产生更有价值的物品。想要掌握这种方法，需要我们增加思维敏感度。多观察、多思考便可以随时随地产生加法的创意。

（二）因为减少而精彩

计算机是当今时代高科技的象征。西方世界首先开发出计算机、微电脑，创造了惊人的社会效益与经济效益。作为发展中国家的我国，在这方面落后了人家一大截，只能奋起直追，但也有思维独到的人反其道而行之，不做加法，而做减法，力图在简化中寻找出路。他们的劳动有了重要的突破，取得了令人欣喜的成果——将计算机中的光驱与解码部分分离出来，就成了千家万户都喜欢的 VCD，将计算机中的文字录入编辑和游戏功能取出来，就成了学习机。VCD 与学习机的问世，造就了一个消费热点，也造就了一大产业。比尔·盖茨因此盛赞中国企业家独具慧眼，开发出利润丰厚的 VCD 与学习机市场，首次领导了世界高新产品的潮流。

无线电话、无线电报以及无人售货等都属"减一减"的成果。用"减一减"的办法，将眼镜架去掉，再减小镜片，就发明制造出了隐形眼镜。随着科技的发展，许多产品向着轻、薄、短、小的方向发展。

生活中的许多物品都是"减一减"视角的产物，如：肉类－油脂＝脱脂食品；水－杂物＝纯净水；铅笔－木材＝笔芯；"加一加"视角将简单事物复杂化，单一功能复合化。"减一减"视角则将复杂事物简单化，多样功能专一化。

加减思维法的一个特点就是对事物进行分解或组合，以构成无穷的变化状态。在运用中可以先加后减，亦可先减后加，以达到创新的目的。分解组合，变化无穷。

九、逆向思维

逆向思维法又称反向思维法，是指为实现某一创新或解决某一用常规思路难以解决的问题，而采用反向思维寻求解决问题的方法。它主要包括反转型逆向思维法、转换型逆向思维法、缺点逆用法和反推因果法。

逆向思维法的魅力之一，就是对某些事物或东西，从反面进行利用。运用逆向思维是一种创造能力。逆向思维就是大违常理，从反面探索问题和解决问题的思维。

逆向思维即逆转思考对象，是用与原来想法对立的或从表面上看来似乎不可能并存的两条思路去寻找解决问题办法的思维形式。例如，常用的数字运算，是从低位向高位，而蜚声中外的"快速计算法"却从高位向低位运算。巨轮在纵向倾斜船台建造后，需将船滑入水域，这一过程称为"下水"。下水过程中，船尾部先入水，渐渐产生浮力。当船滑入水域一定距离后，浮力对船首部产生的力矩大于船体重力对船首产生的力矩。此时，船体会绕船首向上浮起、转动，称"尾浮"。船首部就会承受巨大的、成千上万吨的反力。为防止尾浮，船体绕船首转动时的巨大船首反力会使船首损坏，世界各国均在船舶首部设置很大的船首支架。这需耗费许多钢材、木料，且在船舶下水后，还要进船坞将支架拆除。资金、材料、人工耗费十分大。为什么必须用下水首支架呢？因为原先的理论是将船体视为刚体。在下水尾浮时，是刚体绕刚性支座——首支架转动。而我国的科技人员、造船工人推翻了这一原理。将巨大的首支架取消，仅在船首底部与下水滑坡处设置木墩、木楔，则下水原理就变成了弹性体在弹性支座上的转动。将原来需集中承受的巨大首支架反力，由分布距离长的、弹性好的木墩、木楔承受，使压力极大地变小。下水安全，省工，省料，是逆向思维运用成功的范例。在科学技术或设计等领域有杰出成就的人，常常使用逆向思维而获得惊人的成果，因为他们正是想了别人不敢想，做了别人没有做过的事。

（一）试着"倒过来想"

很多时候，只从一个角度去想事情，很可能让自己的想法进入死胡同，无法寻求解决问题的有效方法。甚至有些时候，遇到一些非常棘手的问题，从正面或侧面根本无法解决。如果你在这个时候试着倒过来想，没准就会有出乎意料的惊喜！

20 世纪 60 年代中期，全世界都在研究制造晶体管的原料——锗，大家认为最大的问题是如何将锗提炼得更纯。

索尼公司的江崎研究所，也全力投入新型电子管的研究。为了研究出高灵敏度的电子管，人们一直在提高锗的纯度上想办法。当时，锗的纯度已达到了99.9999999%，很难再提高一步。

后来，有个刚出校门的黑田由子小姐，被分配到江崎研究所工作，担任提高锗纯度的助理研究员。这位小姐比较粗心，在实验中老是出错，免不了受到江崎玲于奈博士的批评。后来，黑田小姐发牢骚说："看来，我难以胜任这提纯的工作，如果让我往里掺杂质，我定会干得很好。"不料，黑田小姐的话突然触动了江崎的思绪，如果反过来会如何呢？于是，他真的让黑田小姐一点一点地向纯锗里掺杂质，看会有什么结果。

于是黑田小姐每天都朝相反的方向做实验，当黑田把杂质增加到1000倍时，测定仪器上出现了个大弧度的曲线，这几乎使她认为是仪器出了故障。黑田小姐马上向江崎报告了这一结果。江崎又重复多次这样的实验，终于发现了一种最理想的晶体。接着，他们又发明出自动电子技术领域的新型元件，运用这种电子晶体技术，使电子计算机的体积缩小到原来的1/4，运行速度提高了十多倍。此项发明一举轰动世界，江崎博士还由此获得了诺贝尔物理学奖。

倒过来想就是如此神奇，看似难以解决的问题，从它的反面来考虑，立即迎刃而解了。"倒过来想"的方法可以拓展我们的思维广度，为问题的解决提供一个新的视角。我们已经习惯了"正着想问题"的思维模式，偶尔尝试着"倒过来想"，有时会收到"柳暗花明又一村"的效果。

（二）反转型逆向思维法

反转型逆向思维法即从已知事物的相反方向进行思考，寻找发明构思的途径。

火箭首先是以"往上发射"的方式出现的，后来，苏联工程师米海依却运用此方法，成功设计了"往下发射"的钻井火箭。穿冰层火箭、穿岩石火箭等，统称为"钻地火箭"。科技界把"钻地火箭"的发明视为引起了一场"穿地手段"的革命。

反转型逆向思维法针对事物的内部结构和功能从相反的方向进行思考。对于事物结构与功能的再造有着突出的作用。运用这种思维方法时，首要的是找准"正"与"反"两个对立统一的思维点，然后再寻找突破点。像大与小、高与低、热与冷、长与短、白与黑、歪与正、好与坏、是与非、古与今、粗与细、多与少等。

原来的破冰船起作用的方式都是由上向下压，后来有人运用反转型逆向思维法研制出了潜水破冰船。这种破冰船将"由上向下压"改为"从下往上顶"，既减少了动力消耗，又提高了破冰效率。

（三）转换型逆向思维法

转换型逆向思维法是指在研究问题时，由于解决某一问题的手段受阻，而转换成另一种手段来转换思考角度，从而顺利解决问题的思维方法。车轮胎容易被刺扎伤，解决这一问题的一种思维是修路。另一种思维是可以利用转换型逆向思维法，设计一种扎不伤的轮胎，防爆轮胎就诞生了。

许多人遇到问题便为其所困，找不到解决问题的办法。实际上，如果能换个角度看问题，那么一个看似很困难的问题有时也可以用巧妙的方法轻松解决。这就需要我们在设计中培养这种多角度看问题的能力。

（四）反面求证，反推因果创造

某些事物是互为因果的，从这方面可以探究到与事物相对立的方面。1877年8月的一天，美国大发明家爱迪生为了调试电话的送话器，在用一根短针检验传话膜的振动情况时，意外地发现了一个奇特的现象：手里的针按触到传话膜，随着电话所传来声音的强弱变化，使传话膜产生了一种有规律的颤动。这个奇特的现象引起了他的思考，他想：如果倒过来，使针发生同样的颤动，不就可以复原声音、保存人的声音吗？

爱迪生遵循这一思路，着手试验。在四天四夜的苦战之后，他完成了留声机的设计。爱迪生将设计好的图纸交给机械师克鲁西后不久，一台结构简单的留声机便被制造出来了。爱迪生还拿它去当众做过演示，他一边用手摇动铁柄，一边对着话筒唱道："玛丽有一只小羊，它的绒毛白如霜……"然后，爱迪生停下来，让一个人用耳朵对着受话器，他又把针头放回原来的位置，再摇动手柄，这时，刚才的歌声又在这个人的耳边响了起来。爱迪生的成功，就在于他有了这样一种互为因果的思路，即声音的强弱变化使传话膜产生了一种有规律的颤动，如果倒过来，使针发生同样的颤动，就可以将声音复原出来，因而也就可以把声音保存起来！

十、辩证思维

辩证思维是指以变化发展的视角认识事物的思维方式，一般被认为是与逻辑思维相对立的一种思维方式。在逻辑思维中，事物一般是"非此即彼""非真即假"，而在辩证思维中，事物可以在同一时间里"亦此亦彼""亦真亦假"，而无碍思维活动的正常运行。

谈到辩证思维，我们不能不提到矛盾。正因为矛盾的普遍存在，才需要我们以变化、发展、联系的眼光看问题。

在设计中无处不存在矛盾，也就无处不需要辩证思维的运用。

设计中许多事物并不只存在一个正确的答案，若尝试用辩证思维去思考，往往会看到问题的不同角度，也就会得到许多不同的见解。

（一）对立统一原则

在生活中，我们找不到两片完全相同的树叶，同样，也不存在绝对的对与错。所有的判断都是以一个参照物为标准的，参照物变化了，结论也就变化了。这使得事物本身存在着矛盾，而这个对立统一的法则，是唯物辩证法的最根本的法则。

（二）谬误对真理的影响

寻找真理，就要摒弃谬误的干扰。谬误有时就体现在事物的矛盾之中，而我们常常陷于自己的种种设想而忽略矛盾，也就会一次次地靠近谬误而得不到真理。"日心说"的创立即哥白尼分析事物矛盾，摆脱谬误，寻求真理的过程。在"日心说"诞生之前，由托勒密创建的"地心说"统治着西方人的思想长达1000年之久。"地心说"认为地球是宇宙的中心，并认为天分九层，分别为月球、水星、金星、太阳、火星、木星、土星、恒星与"最高天"。其中第九层是上帝的居所，这一说法迎合了宗教的观点，更成了不可冒犯的天条。

1473年2月19日，哥白尼诞生于波兰托伦城。10岁时，父亲去世，他便跟着舅父路加斯·瓦兹罗德生活。他的舅父是一位学识渊博的主教，哥白尼深受其影响，爱上了天文学和数学。哥白尼18岁时，进入克拉科夫大学艺术系学习。他白天上课，夜间观测星象。后来，哥白尼又到意大利波伦亚大学攻读天文学。哥白尼成人以后，回到波兰，在弗伦堡天主教会当牧师。哥白尼在教会的一角，找到了一间小屋，建立了一个小小的观测台。他自己动手制造了四分仪、三分仪、测高仪等观测仪器。哥白尼经过长期的观测，算出太阳的体积大约相当于161个地球。他想，这么一个庞然大物，会绕着地球旋转吗？他开始对流传了1000年的托勒密的"地心说"产生了怀疑。

哥白尼天天观测和计算着，最终他创立了以太阳为中心的"日心说"。从1510年开始，哥白尼动手写作，整整花了20多年的时间，终于写成了6卷巨著《天体运行论》。哥白尼之所以有如此重大的发现，主要是因为他善于思考和分析，在人们习以为常的谬误中寻找真理。

（三）在偶然中发现必然

任何事情的发生，都有其必然的原因。换言之，当你看到任何现象的时候，不要觉得不可理解或奇怪，因为任何事情的发生都必有其原因。格德纳是加拿大一家公司的普通职员。一天，他不小心碰翻了一个瓶子，瓶子里装的液体浸湿了桌上一份正待复印的重要文件。格德纳很着急，心想这下可闯祸了，文件上的字可能看不清了。他赶紧抓起文件来仔细察看，令他感到奇怪的是，文件上被液体浸染的部分，其字迹依然清晰可见。当他拿去复印时，又一个意外情况出现了，复印出来的文件，被液体污染后很清晰的那部分，竟变成了一团黑斑，他绞尽脑汁，但一筹莫展。突然，格德纳的头脑中冒出一个针对"液体"与"黑斑"倒过来想的念头。自从复印机发明以来，人们不是为了文件被盗印而大伤脑筋吗？为什么不以这种"液体"为基础，化其不利为有利，研制一种能防盗印的特殊液体呢？格德纳利用这种逆向思维，经过长时间的艰苦努力，最终把这种产品研制成功。但他最后推向市场的不是液体，而是一种深红的防影印纸，并且销路很好。

格德纳没有放过复印中的偶然事件，由字迹被液体浸染后变清晰，复印出的却是黑斑这一现象，联想到文件保密工作中的防止盗印，由此开发了防影印纸。不得不说他抓住了一个创新的良机。衣物漂白剂的发明与此有异曲同工之妙，也是源于一次偶然的发现。

吉麦太太洗好衣服后，把拧干的洗涤物放到一边，疲倦地站起来伸伸腰。这时，吉麦先生下意识地挥了一下画笔，蓝色颜料竟沾在了洗好的白衬衣上。他太太一面嘀咕一面重洗。但雪白的衬衣由于被蓝色的颜料沾染，不管她怎么搓洗，仍带有一点淡蓝色。她无可奈何地把它晒干。结果，这件沾染蓝色颜料的白衬衣，竟然更加洁白了。

"呃！这就奇怪啦！沾染颜料的白衬衣竟比以前更洁白了！"吉麦先生感到惊异。

"是呀！的确比以前更白了，奇怪！"他太太也感到惊异。

翌日，他故意像昨天一样，在洗好的衣服上沾染了蓝颜料，结果晒干的衬衣还是跟上次一样，显得异常明亮、洁白。第三天，他又试验了一次，结果仍然一样。吉麦把那种颜料称为"可使洗涤物洁白的药"，并附上"将这种药少量溶解在洗衣盆里洗涤"的使用法，开始出售。普通新产品是不容易推销的，但也许是他具有广告的才能吧，吉麦的漂白剂竟出乎意料的畅销。凡是使用过的人，看着雪白得几乎发亮的洗涤物，无不啧啧称奇，赞许吉麦的"漂白剂"。一经获得好评后，这种可使洗涤物洁白的"药"——蓝颜料和水的混合液，就更受家庭主妇的欢迎。吉麦发明这种漂白剂出于偶然，由此可见，抓住偶然发现的东西，也是一种发明或创造的方法。

（四）永远不变的是变化

整个物质世界是因"变"而得以发展和新生的，正是由于物质世界的可变性，才使其丰富多彩，充满生机。任何"存在"的个性的产生都是由"变"引起的。具有相对的个性或保持相对的个性化是物质存在及新生的必要条件，而物质性"存在"的新生又是人类设计活动的基本要求。

在设计中，创新代表着发展与完善，求变是发展与完善的唯一方式。工业设计实际上就是利用工业化的生产能力，针对存在于环境中的物的因素，以"变"的方式，来改善人类的生存条件与环境。创新是设计的灵魂，只有创新才使设计具有了存在的必要性。这就要求设计者，针对任何存在都要永远保持一种可变、求变意识（如替换意识和反向求异意识），因为只有"变"才能使特定的存在关系具有更加和谐的可能。

（五）把负变正、化劣势为优势

在设计中发现问题时，人们大多会有两种不同的表现。有的人一味抱怨，抱怨陷于困境之中；另外一部分人则认为一切事物都存在辩证性，他们会运用辩证思维来思考问题，并积极主动地寻找办法将劣势转化为优势，将问题转化为价值。这也是设计者所必需的一种有效的创新思维。

十一、质疑思维

（一）学会提问

要善于提问，只有提出问题才能寻找到解决问题的方法。因此学会提出问题是培养质疑思维的关键。善于提出问题，体现了一个人的质疑思维。一个人在孩提时代总保持着对客观世界的好奇心，在这个丰富多彩的世界里，他们对眼前的所见所闻都会觉得新鲜，于是，孩子们养成了好问的习惯。青少年这种旺盛的求知欲和好奇心，表现了他们的勃勃生命力，是打开知识宝库的金钥匙，也是一个创造型人才必须具备的品格。

（二）善用好奇心

好奇心可以引领我们去探求未知的领域，是设计创新的助力器或催化剂。

现在的水壶盖子都有一个小孔，然而，在约90年前，壶盖上是没有小孔的。日本横滨市居民富安宏雄有段时间患肺病躺在床上，他很想睡觉，不愿意想令人不愉快的事情。但是经济情况每况愈下，他心情很坏，难以入眠。床边的火炉正在烧开水。茶壶盖子上冒出白色的水汽，并且发出"咔嗒咔嗒"的声音，好像有心嘲弄他。富安宏雄实在不耐烦了，在气恼之下，他拿起放在枕头边的锥子用力地向水壶投掷过去。锥子刺中了水壶盖子，但并没有滑落。奇怪。这样一刺，"咔嗒咔嗒"的声音，反而立刻停了下来。他感到很诧异，无神的眼睛突然闪动着光芒。他的心神被这个意外震慑住了。如果是别人的话，水壶安静下来就心满意足了，不会把这件事当作一回事，不会进一步去动脑筋思考。但是这位先生与别人不同，虽然被病魔缠身，但他有毅力，好奇心强烈，善于运用智慧，懂得制造机会。富安宏雄这时不想睡觉了，他觉得一切苦恼和混乱都消失了，好奇心让他开始在床上大动脑筋。之后他又亲自试验了好几次，证实盖子有了小孔，烧开水时就不会发出声音。他想："我要好好利用这项创意，尽全力让它开花结果才行！"苍天不负有心人，他抱着病躯奔走了一个月后，他的创意终于得见天日，明治制壶公司以2000日元买下了他的专利。得到巨款以后，富安宏雄的心胸顿感舒畅，病也不药而愈。后来他在横滨市买了一栋店铺，开创了他的事业。

（三）不要轻易认可

在设计的过程中，我们常常会盲从别人的观点，盲从别人的方案，盲从老经验，盲从未被验证的理念，轻易认可已有的完美，这是阻碍创新与改进的最大阻力。虽然听取别人的意见、借用别人的思维或方案往往可以省掉自己探索的时间和精力，但不经过怀疑和思考的信任常常会使我们落入盲从的陷阱，失去创新的机会。质疑与有意识地寻找缺陷的思维意识是设计类人才必须具备的基本素质。

十二、简单思维

（一）不要将事情复杂化

简单思维要求我们对问题简单看待，但当我们真正面对问题时，却很难真正做到简单处理，总是将事情复杂化。本来一件简单的事，几经反复，却变得复杂起来。而复杂的事物、复杂的思路不但不利于问题的解决，反而会使解决问题的人陷入复杂思维的怪圈。

（二）砍掉不必要的东西

一般地说，人们在做事情时，总是用尽全力使之至善至美。然而，有时会由于追求全面而导致"画蛇添足"或"多此一举"的情况。除此之外，由于事物所处的环境发生了改变，构成事物的某些功能或性能要素变得不合时宜而成为累赘。这时，就需要简单思维法发挥威力，将无用的东西砍掉，只保留精华的部分。

随身听的发明，首先来自一个员工在把收音机拆开后，只留其听的功能，在玩耍时被总经理看到。总经理心想："人们不一定要收录音，仅仅随身听音乐，不就是一个单一的市场吗？"于是，他下令大力生产。结果随身听得到广大顾客的喜爱。

（三）绝妙常常存在于简单之中

简单的思维是一种智慧，简单的思维是一种精明，它反映出思维的灵活和敏捷。将简单的思维贯串于问题的处理过程中，常常能起到许多意想不到的效果。艾柯卡和克莱斯勒汽车公司引进敞篷车的故事就是对简单思维的绝妙的运用。克莱斯勒的总裁艾柯卡有一天在底特律郊区开车时，驶过一辆野马牌敞篷车。那正是克莱斯勒缺乏的敞篷车。他回到办公室以后，马上打电话向工程部的主管询问敞篷车的生产周期。"一般来说,生产周期要五年。"主管回答,"不过如果赶一点,三年内就会有第一辆敞篷车了。""你不懂我的意思。"艾柯卡说,"我今天就要!叫人带一辆新车到工厂去,把车顶拿掉,换一个敞篷盖上去。"结果艾柯卡在当天下班前看到了那辆改装的车子。一直到周末,他都开着那辆"敞篷车"上街,而且发现看到的人都很喜欢。第二个星期,一辆克莱斯勒的敞篷车就上设计图了。

对于汽车制造,工程师比艾柯卡要更为专业,然而,他们却无论如何也想不到敞篷车可以这样简单地完成。这是专业知识禁锢了他们的思想,使得他们难以用简单的方法去解决复杂的问题,更难以体会到简单思维的绝妙乐趣。绝妙常常存在于简单之中,只有学会运用简单思维,才不会落入复杂的问题陷阱。

以上事例都足以说明简单思维的巨大作用,只要善于变换思维,许多问题就会迎刃而解。

十三、U形、侧向思维

U形思维法指的是在解决某个问题的思考活动中遇到了难以消除的障碍时,可谋求避开或越过障碍而解决问题的思维方法,这是创造者常用的思维方法,对于发明创新和解决问题有很强的启发作用。

侧向思维是指思考问题时,不从"正面"角度,而是通过出人意料的侧面来思考和解决问题。生活中需要解决的某些问题,如果从正面来找突破口,往往比较困难,这时,就可以考虑从侧面去寻找。

无论是U形思维还是侧向思维,都是常规思维不能解决问题时,另辟蹊径的思维意识。

运用U形思维的基本特点就是避直就曲,通过拐个弯的方法,回避摆在正前方的障碍,走一条看似复杂的曲线,却可以尽快到达目的地。这是U形思维的智慧,也是U形思维的魅力所在。

(一)改变一下思路

近年来,我国列车连续实施提速,极大地提高了铁路运力。然而列车提速受到各种因素的影响与制约,其中之一就是列车速度越快,左右横向晃动就越厉害,乘客会感到很不舒服。尤其是列车的剧烈晃动对车内的设备损害很大,可能会导致底梁开裂等灾难性事故,并加剧钢轨磨损,严重威胁行车安全。为什么会出现这种现象呢?科研人员从建立和分析机车的动力模型入手,对机车的承载结构进行研究。发现主要原因是支撑车体的圆柱形二系弹簧抗弯强度太小，横向刚度偏低，不足以抵挡机车因高速行驶而产生的横向力的威胁。这样，火车高速行驶不安全的原因找到了，但是问题又出来了，怎么样才能使弹簧承受住火车高速行驶而产生的横向力的冲击呢？按照传统思维思考问题，无非改变弹簧的材料，或者把弹簧做大做粗些，但这些都不能解决问题。此时怎么办呢？一些科技人员改变了思路，终于想出了一个绝妙的方法，就是将圆柱形弹簧改换成圆锥形弹簧，再配合其他措施，就可有效解决高速列车晃动的难题。

这一由我国科技人员独创的圆锥形列车专用弹簧，抗弯、抗剪、抗扭和抗疲劳性能以及横向、纵向刚度，均比传统的圆柱形弹簧优越。而比起昂贵精密的空气弹簧，它制造简单，维修方便，成本低廉；比起橡胶堆弹簧，它使用寿命长，耐温能力强。圆锥形弹簧完全适合速度快、质量大、震动频率低的电力机车、内燃机车及高速列车等。

变通思维的关键是要学会变，路走不通时要变，路走不好的时候也要变，不能一条路走到黑，也不能做事一根筋。

（二）此路不通绕个弯

一个卓越的人，必是一个重视思考、思维灵活的人。当他发现一条路走不通或太挤时，就能够及时转换思路，改变方法，以退为进，寻找一条更加通畅的路。这一种思维特质，就是需要我们用心学习的。

十四、换位思维

所谓换位思维，就是设身处地将自己摆放在对方的位置，用对方的视角看待设计。换位思维不仅对保持人与人之间的和睦关系非常重要，而且对设计人员有效地分析、把握消费者的需求也非常重要。换位思维是设计人员取得设计成功、赢得市场的关键因素。换位思维除了感人之所感外，还要知人之所感，即对他人的处境感同身受，客观理解。

钓不同的鱼，投放不同的饵。卡耐基说："每年夏天，我都去梅恩钓鱼。以我自己来说，我喜欢吃杨梅和奶油，可是我看出，鱼更爱吃小虫。所以当我去钓鱼的时候，我不想我所要的，而想鱼儿所需要的。我不以杨梅或奶油作为钓饵，而是在鱼钩上挂上一条小虫或是一只蚱蜢，放入水里，向鱼儿说：'你喜欢吃吗？'"

如果你希望拥有完美的设计，你为什么不采用卡耐基的方法去"钓"一个个的人呢？

依特·乔琪，是美国独立战争时期的一个高级将领。战后依旧宝刀不老，雄踞高位，于是有人问他："很多战时的领袖现在都退休了，你为什么还身居高位呢？"

他是这样回答的："如果希望官居高位，那么就应该学会钓鱼。钓鱼给了我很大的启示，从鱼儿的愿望出发，只有鱼饵放对了，才会使鱼儿上钩，这个道理很简单。不同的鱼要使用不同的钓饵，如果长期使用一种鱼饵去钓不同的鱼，那么肯定会劳而无功的。"这的确是经验之谈，是智慧的总结。

十五、系统思维

系统思维也叫整体思维，是人们用系统的眼光从结构与功能的角度重新审视多样化的世界的思维方式。任何功能、价值都产生于特定的系统，也满足于一定的系统。系统是由相互作用、相互联系的若干组成部分结合而成的，它是具有特定功能的有机整体。系统思想要求我们以全面、整体、综合等的思维方式系统性地看问题。

创造性思维是人类的高级心理活动过程，其复杂性也不言而喻。只有将灵感思维、直觉思维、形象思维、抽象思维、发散思维和收敛思维等多种思维在形式上进行和谐统一，才能在综合运用、反复辩证的过程中发展。创造性思维是高级思维，影响它发展的因素也就不能限制于智力因素，情感、意志、创造动机、理想、信念和个性等非智力因素也非常重要，最好是将各类影响因素联系起来，共同推动创造性思维的发展。

第二节　创造性思维的训练与人才培养

一、创造性思维的训练

进行创造性思维训练的具体手段主要有以下四个方面。

（一）丰富的想象思维

想象思维是指基于已有的形象观念，通过大脑的加工改造来组织、建立新的结构，创造新形象的过程。牛顿说："没有大胆的猜测，就做不出伟大的发现。"爱因斯坦自己并没有经历过相对论时空效应，罗巴切夫斯基也没有直接见过四维空间，盖尔曼更不会看到"夸克"……他们的创造、发现，都是建立在科学基础上的想象。19 世纪法国著名科幻作家儒勒·凡尔纳，著有《格兰特船长的女儿》《海底两万里》《地心游记》《环绕月球》《神秘岛》《从地球到月球》《八十天环游地球》等，在他作品中幻想的电视、直升机、潜艇、导弹、坦克等，今天均已成为现实。现代英国科幻作家乔治·奥威尔1949年出版的名著《一九八四》中曾预言的137项发明，到1979年就已经实现了80项。

（二）广阔的联想思维

联想思维是把已掌握的知识、观察到的事物等与思维对象联系起来，从其相关性中获得启迪的思维方法。联想思维对促成创造活动的成功十分有用。具体如因果联想、接近联想、相似联想、需求联想、对比联想、推理联想、奇特联想等。仿生学的基本原理就是从对生物的联想、模仿、功能改进中获得思维创造活动的突破。在工业设计中，仿生学亦是一种十分有用的科学。英国外科医生李斯特受微生物学家巴斯德的"食物腐败是微生物大量繁殖的结果"的启发，联想到伤口化脓是细菌繁殖的结果，从而发明了外科手术消毒法，使化脓和死亡的比例大为下降。通常来讲，联想思维越广阔、越灵巧，则越可能获得创造性活动的成功。

（三）深刻的抽象思维

随着科学技术的发展，人类必然会越来越深入地认识到客观事物的本质，许多理论、概念、成果的内容超出了一般表象范围。因此，我们有必要培养借助科学的概念、判断、推理来揭示事物本质的抽象思维。

例如，化学家道尔顿认为，直接称量单个原子尚不可能，那么是否可测其相对重量呢？他想到，既然原子按一定的简单比例关系相互化合，那么将其中最轻元素的质量分数与其他元素的质量分数比较一下，不就可以得到各种元素的原子相对于最轻元素的原子的重量倍数了吗？这种深刻的抽象思维，使道尔顿终于找到了测定原子相对重量的科学方法，使化学这一学科真正走上了定量的发展阶段。

要发展抽象思维，必须丰富知识结构、掌握充分的思维素材，不断加强思维过程的严密性、逻辑性和全面性。

（四）活跃的自由思维

思维广阔无边，拥有极大的自由，同时它又最容易被某种规则束缚而困守一隅。有时并不是我们没有创造力，而是我们被已有的知识限制，思维变得凝滞和僵化。而那些思维活跃、善于思考的人往往能做到别人认为不可能做到的事情。美国康奈尔大学的威克教授曾做过这样一个实验：他把几只蜜蜂放进一个平放的瓶中，瓶底向光，蜜蜂们向着光亮不断碰壁，最后停在光亮的一面奄奄一息；然后在瓶子里换上几只苍蝇，不到几分钟，所有的苍蝇都飞出去了。原因是它们多方尝试，向上、向下、向光、背光，碰壁之后立即改变方向，虽然免不了多次碰壁，但最终总会飞向瓶颈，从瓶口逃出。威克教授由此总结说："横冲直撞总比坐以待毙高明得多。"在设计中，我们要学一学苍蝇，让思维如放纵的野马，在自由的原野上"横冲直撞"，这样容易发现意想不到的创新。

拆掉我们思维意识中的"霍布森之门"。何谓"霍布森之门"？这里讲述一个故事。1631 年，英国剑桥有个名叫霍布森的马匹生意商人，对前来买马的人承诺：只要给一个低廉的价格，就可以在他的马匹中随意挑选，但他附加了个条件，只允许挑选能牵出圈门的那匹马。这显然是一个圈套，因为好马的身形都比较大，而圈门很小，只有身形瘦小的马才能通过。虽然表面上看起来选择面很广，实际上这是限定了范围的选择，那扇门即所谓的"霍布森之门"。那么，"霍布森之门"与创新思维有关联吗？当然有。因为我们的头脑中都存在一个或大或小的"霍布森之门"，它就是我们对事物的固有判断。在工作与生活中，我们常会遇到这样的情况，一方面是广泛地学习和接受新事物，也决定从中选择一些好的方向或建议，但最终都通不过一些固有的观念所造成的小门，只不过这扇门存在于自己的心中，不易被我们察觉。而正是这扇小门，成了我们迈向成功的障碍，甚至会使我们丧失解决问题的自信。

不要总是恪守老经验，在设计的思维中，最可怕的就是以经验行事。在生活中经验是知识、捷径，但在创新设计中经验更多的是思维的束缚。设计者要有敢于超越一切常规的思维意识，敢于超越常规，超越传统，不被任何条条框框所束缚，不被任何经验习惯所制约。培养创新思维就要有敢为天下先的精神，只有这样才能产生更宽广的未来。

二、创造性思维的能力表现

（一）选择性思维能力

人在一生有限的时间、空间内要获得某些成功，不可能什么都干，不可能盲目去闯。在无限的创造性课题中，"选择"的功夫与技巧就显得特别重要。学习、摄取什么知识，创新课题、理论假说、论证手段和方案构思等一系列环节的鉴别、取舍，均需做出选择。因此，要训练和培养分析、比较和鉴别的思维习惯。

例如，现代遗传学奠基人孟德尔，在对遗传规律的探索过程中，选择了与其前辈生物学家不同的方向。他不是考察生物的整体，而是着眼于个别性状。他对实验植物的选择也非常聪明而科学，他选择了具有稳定品性的自花授粉植物——豌豆，既容易栽培、容易逐一分离计数，也容易杂交，而且杂交种子又可育。他又选择了数学统计法用于生物学研究。这些科学的选择，是他取得成功的关键。

（二）运动性思维能力

运动性思维能力的训练，就是要打破思维功能固定症，使思维朝着正向、逆向、横向、纵向等主体方向自由运动。例如，1819 年奥斯特发现了磁效应，1820 年安培亦发现通电的线圈能产生磁场。法拉第由此而想，既然电能生磁，那么磁能否生电？这种运动性思维能力帮助他思索，经过多年努力，他终于在1831 年发现了电磁感应现象，由此原理制造出了发电机。

（三）探索性思维能力

探索性思维能力体现在是否能怀疑已知的结论、事实，是否敢于否定自己一向认为是正确的结论，是否能提出自己的新见解。只有"怀疑一切""寻根问底"的怀疑意识，什么事都问一个为什么，而不只是"人云亦云"，才能促进对新事物的探索。如银行小职员伊斯曼出差时，随身要带着很重的照相机及玻璃干板底片，实在有点吃不消。于是他想："有没有更小型、轻便的照相方法呢？"这一设想使他不能平静，一直探索下去，终于在 1879 年他取得了改良平板的专利，接着又发明了软片，制成了风靡世界的小型柯达相机。

三、创造性人才的知识结构

古语说："人成于学。"要创造、要成才，首先要求知。因为知识是人们对客观事物的认识，是客观事物在人脑中的主观印象，是能力与智力的基础。

一个人才能的大小，首先取决于知识的多寡、深浅和完善程度。尤其是现代信息社会，生产力、生产工具的发展加速，知识积累和更新十分迅速，科技成果转化为生产力的周期不断缩短，人们更需要学习，需要与外部世界进行丰富和多元的接触。当然，才能不是知识的简单堆砌，高频率地接受单一信息，只能形成习惯，不能形成智力，甚至会扼杀智力的发展。一个人不能什么都学，应有一个合理的知识结构，还需对所学知识进行科学的选择、加工，创造性地加以运用。

总之，最佳的知识结构是博与专的统一，并取决于待解决的创造课题的目的，亦需要注意能力培养、抓住机遇、搞好关系这三点。

四、创造性人才的品质

富有创造性的人，其品质可概括为如下六点。

（一）乐观幽默

搞发明创造，十分艰苦，干前人未干过的事，少不了会遭到不少人的冷嘲热讽甚至排挤打击。因而，创造者必须具备乐观幽默的品质，它是一种健康的心理标志，是灵活思维的兴奋剂和调节器。只有这样，才能始终充满朝气和希望。相反，自满、畏惧胆怯、不思进取、懒散懈怠、好高骛远、缺乏信心、刚愎自用、片面狭隘、兴趣狭窄、孤陋寡闻、轻信等不良人格因素，对创造活动起到阻碍与压抑的作用，必须加以克服。

（二）富有独立精神

爱迪生说："不下决心培养独立思考习惯的人，便失去了生活中最大的乐趣——创造。"爱因斯坦正是因为对传统的、绝对时空观的"同时性概念"产生怀疑，才走上了创立"狭义相对论"的创新之路，以后又发展成"广义相对论"。1730 年意大利数学家萨凯里写了"除去欧几里得的一切瑕疵"，走在了非欧几何新体系的前站，却又因不敢自闯新路而止步。高斯经过 30 多年的研究，构想了非欧几何，但一直不敢公开自己的新见解。21 岁的匈牙利数学家鲍里埃也自暴自弃地丢失了成果。而俄国数学家，25 岁的罗巴切夫斯基通过独立研究并敢于触犯传统观念与旧势力，于 1826 年 2 月 11 日公开了论文，终于使这一理论经历了近百年的曲折过程后得以传世。

（三）勇敢坚强、敢于冒险

马克思说，"在科学的入口处，正像在地狱的入口处一样，必须提出这样的要求：'这里必须拒绝一切犹豫，这里一切懦弱都无济于事'，只有勇敢的人才能进入科学、艺术的殿堂。"如法国医学家巴斯德，为研究狂犬病的病因及防治，他与助手到处抓捕疯狗，一次次地试验、失败、再试验，终于制成了预防狂犬病的疫苗，并冒着生命危险在自己身上做实验，挽救了世界上无数的生命。为发明炸药，诺贝尔的弟弟被炸死，他本人亦受伤，政府和他的邻居不让他再试验，他就搬到马拉湖上的一条平底船上做实验，终获成功。他终身未娶，死后将遗产的利息作为奖金，奖励在物理、化学、文学、医学、和平事业等领域做出巨大贡献的人。

（四）专心致志、一丝不苟

富有创造精神的人，都会用严密的态度审视一切事物，绝不放过任何疑点和含糊之处。例如，我国魏晋时期的地图学家裴秀，在编制《禹贡地域图》时，严格审查和选择前人绘制的地图，并根据自己的实践进行了科学的修改。裴秀做出了前无古人的成就，与古希腊学者托勒密，并称古代世界地图史上的两颗明星。王羲之专心习字，吃馍时没有蘸蒜泥而蘸了墨汁还吃得津津有味。牛顿将怀表当成鸡蛋放在锅里煮的故事，已家喻户晓。1871年圣诞节是爱迪生成婚之日，他却在厂里专心试验发报机，竟然将新娘独自丢在家里，待十二点钟声敲响时，才记起回家。

（五）勤奋、自信，永不满足

自信是成功的第一品质，有了这一品质，只要有想法，就会有办法，就会锲而不舍地取得成功。俄国数学家克雷洛夫说："在任何实际事业中，思想只占2%～5%，其余的95%～98%是实行。"我国亦有古训：三分聪慧，七分辛劳。居里夫人为了提炼纯镭，夜以继日地工作在一间简陋的小棚内，不顾身患肺结核，不畏酷暑严寒，以3年零9个月的时间，从铀沥青残渣中提炼出了10克纯镭。李时珍经数十个春秋，到江苏、江西、安徽、湖南、广东等地，尝百草，博览医书，三易其稿，终于完成了52卷巨著《本草纲目》，收载了1892种药物，1160幅插图，一万多个药方，在世界科技史上占有重要地位。爱迪生说："发明是99%的汗水和1%的灵感。"没有这种精神，他也不可能从一个卖报的小童而成为一位一生获得约2000项专利的伟大发明家。

（六）有创造意识和创造动机

创造意识和创造动机是从事创造活动的起点，它主要来自四个不同层次。第一层来自好奇与不满足，即初生动机型；第二层来自对事业的迷恋和进取心，称为潜意识型，因而有时表现得较为隐藏；第三层为意图型，来自竞争意识或荣誉感；而第四层则是创造动机中最深刻、作用最强烈的层次——信念型，来自事业心、责任感或理想。

例如，1878年，20岁的迪塞尔还是慕尼黑理工学院的学生，当教授讲到蒸汽机的热效率仅为可怜的6%～12%时，他就立志于内燃机的研究，利用能抽出的全部时间来扩充关于热力学的知识，终于在1893年制出了第一台样机，使热效率提高了35%。安德烈·风萨利是16世纪伟大的生物科学家和医学家。

在巴黎求学时，他一心要窥探人体构造的奥秘，常在严冬深夜潜入无主墓地或绞刑架下，盗取遗体彻夜解剖，充分掌握了解剖技术和第一手材料，年仅 28 岁就写成巨著《人体机构》。他被称为解剖学之父，使解剖学从此步入正轨。法国数学家伊瓦里斯特·伽罗华因受反动派迫害，年仅 28 岁便与世长辞，在狱中他利用生命的最后 13 个小时，写下了 60 多条数学方程式，证明了他是一位伟大的数学家，并奠定了"群论"的基础。

参考文献

[1] 孙楠，高原，汪成哲．产品设计与思维表达 [M]．长春：吉林大学出版社，2017.

[2] 熊伟，曹小琴．产品设计创意思维方法：观察·思考·创造 [M]．合肥：合肥工业大学出版社，2017.

[3] 吴磊．产品创新与设计思维 [M]．昆明：云南科技出版社，2018.

[4] 张文，苏自兵，江亮．产品设计表现技法与创意思维探究 [M]．上海：上海交通大学出版社，2018.

[5] 田飞．产品设计专业的创新思维与工匠精神培养研究 [M]．北京：现代出版社，2018.

[6] 张琲．产品创新设计与思维 [M]．北京：中国建筑工业出版社，2005.

[7] 白晓宇．产品创意思维方法 [M]．重庆：西南师范大学出版社，2008.

[8] 周苏，王硕苹．创新思维与方法 [M]．北京：中国铁道出版社，2016.

[9] 王坤茜．产品设计方法学 [M]．长沙：湖南大学出版社，2015.

[10] 周苏．IT 创新思维与创新方法 [M]．北京：中国铁道出版社，2016.

[11] 彭小鹏，钟周，龚敏，等．产品设计方法学 [M]．合肥：合肥工业大学出版社，2017.

[12] 李月思，王震亚．设计思维 [M]．北京：国防工业出版社，2011.

[13] 蔡军．产品设计阶段的成本管理研究 [M]．广州：暨南大学出版社，2017.

[14] 叶德辉．基于文化理念的消费电子产品及服务设计研究 [M]．天津：天津科学技术出版社，2015.

[15] 徐明亮．传统文化在现代产品设计中的应用 [J]．艺术科技，2018，31（11）：178-179.

[16] 张立华，刘剑华．关于产品设计中的细节设计研究 [J]．建材与装饰，

2018（45）：91-92.

[17] 张悦 . 基于智能化产品设计的人机共生关系研究 [J]. 计算机产品与流通，2018（11）：124.

[18] 于超 . 考虑顾客行为的服务产品设计方法研究 [D]. 沈阳：东北大学，2015.